PHOTOGENIC! ICE DRINK

超上鏡！繽紛炫彩涼夏凍飲

100
道冰咖啡 &
冰鎮飲品作法
全公開

瑞昇文化

PHOTOGENIC!
ICE DRINK

CONTENTS

PART 1 ICE COFFEE 004

冰咖啡

SHOP LIST 005

PART 2 ICE DRINK <small>096</small>

冰飲品

SHOP LIST <small>097</small>

PLUS a SMOOTHIE <small>192</small>

奶昔

閱讀本書前
○本書沿用『CAFERES』2019 年 7 月號、2020 年 5 月和 8 月號，以及《能量凍飲開店指導教本》（瑞昇預計出版）裡的部分章節重新編排製成，同時保留了採訪當時的內容。
○書中介紹的飲品可能為期間限定 or 已結束販售。

PART 1

ICE COFFEE

— SHOP LIST —

CAFE CODA
- □地址／愛知県安城市御幸本町 6-6
- □ TEL ／ 0566（93）5015
- □ URL ／ https://www.instagram.com/coda.official

AIMAI
- □地址／福岡県福岡市博多区博多駅前 4-32-14
- □ TEL ／ 092（292）7696
- □ URL ／ https://www.instagram.com/aimai.hakata/

INOKA
- □地址／東京都三鷹市井の頭 4-1-11 水月ビル 1F
- □ TEL ／ 0422（44）7121
- □ URL ／ https://www.instagram.com/inoka.cafe

壱参伍
- □地址／東京都杉並区高円寺南 3-44-13
- □ TEL ／ 03（4296）2167
- □ URL ／ https://www.instagram.com/135_koenji

TAOCA COFFEE 鷲林寺ロースタリー
- □地址／兵庫県西宮市湯元町 1-8
- □ TEL ／ 0798（56）8282
- □ URL ／ http://taocacoffee.jp

Trentanove
- □地址／京都府京都市上京区上生洲町 200
- □ TEL ／ 075（252）1339
- □ URL ／ https://www.instagram.
  com/39trentanove39

Coffee Base KANONDO
- □地址／京都府京都市中京区観音堂町 466 ミヤコビル 3F
- □ TEL ／ 075（741）8718
- □ URL ／ https://www.kanondo.coffee

alt.coffee roasters
- □地址／京都府京都市中京区神泉苑町 28-4
- □ URL ／ https://altcoffee-roasters.com

Khazana Coffee
- □地址／東京都八王子市本町 2-5-1　1 階
- □ TEL ／ 0426（49）7230
- □ URL ／ https://www.khazana-coffee.com

VANCOUVER COFFEE Kamakura
- □地址／神奈川県鎌倉市笹目町 6-7
- □ TEL ／ 070（3191）3674
- □ URL ／ https://www.instagram.com/
  vancouvercoffee.jp

yama coffee
- □地址／愛知県名古屋市中区松原 2-22-31
  　　　セザール松原 1F
- □ TEL ／ 052（265）7351
- □ URL ／ https://yama-coffee.jimdofree.com

COFFEE & CAKE STAND LULU
- □地址／福岡県福岡市中央区薬院 2-3-26
  　　　ロワールマンション薬院 2 1F
- □ TEL ／ 092（707）3089
- □ URL ／ https://www.instagram.com/cacs_lulu

Salvador Coffee
- □地址／北海道札幌市中央区南 21 条西 11 丁目 4-11
- □ TEL ／ 090（6990）2595
- □ URL ／ https://www.instagram.com/
  salvadorcoffeee

mm_coffee
- □地址／京都府長岡京市一里塚 2-27
- □ URL ／ https://mmpartment.net/

キーコーヒー株式会社
おうちカフェ KEY

https://www.keycoffee.co.jp/homecafe_key/

風味鮮明的衣索比亞咖啡與柑橘風味通寧水的最佳組合

通寧濃縮咖啡

●材料（1杯份）

濃縮咖啡 ································ 25㎖

萊姆切片 ································ 1片

通寧水 ································ 160g

方形冰塊（急冷用）················ 適量

方形冰塊（飲品用）················ 5塊

●作法

1. 於玻璃杯放入 7 分滿的急冷用冰塊並攪拌，接著倒掉冰塊。

2. 將飲品用的冰塊和萊姆切片放入 1 冰鎮過的玻璃杯中。

3. 緩緩倒入通寧水。

4. 再緩緩倒入萃取的濃縮咖啡。

要充分攪拌冰塊，讓玻璃杯降溫，避免通寧水的碳酸消失。建議攪拌到玻璃杯壁面變霧。

倒入通寧水的動作也要避免碳酸消失，避開冰塊緩慢倒入，才能盡量減少刺激。

爽脆又化口的口感中充滿濃郁的苦甜滋味

咖啡冰沙

●材料（1杯份）

濃縮咖啡 ·· 30㎖

咖啡冰塊（將較濃的滴濾咖啡結冰製成）
·· 1塊

方形冰塊 ·· 2塊

牛奶 ··· 50g

香草冰淇淋 ·································· 135g

咖啡凍 ··· 30g

巧克力（裝飾用）··························· 1塊

●作法

1. 取11g咖啡豆萃取30㎖的濃縮咖啡。

2. 將2種冰塊、牛奶、香草冰淇淋放入果汁機。

3. 接著加入濃縮咖啡打碎。

4. 搗碎咖啡凍，放入玻璃杯，接著倒入3，最後擺上巧克力。

為了避免冰塊融化稀釋掉咖啡的風味，使用1塊
以滴濾咖啡製成的咖啡冰塊。

取11g咖啡豆萃取出30㎖較濃郁的濃縮咖啡，
才能與既甜又濃的香草冰淇淋呈現出協調性。

將清爽的薄荷巧克力佐上冷萃咖啡

薄荷巧克力冰沙

●材料（1杯份）

咖啡凍 ……………………………………… 30g

A
- 牛奶 ………………………………………… 50g
- 方形冰塊 ………………………………… 3塊
- 綠薄荷糖漿 ……………………………… 40g
- 巧克力糖漿 ……………………………… 5g
- 薄荷巧克力冰淇淋 …………………… 110g

巧克力醬 ………………………………… 適量

噴式鮮奶油 ……………………………… 適量

巧克力（剁碎） ………………………… 少許

薄荷 ………………………………………… 酌量

冷萃咖啡（※） ………………………… 30㎖

※ 將20g研磨咖啡豆與200㎖的水置入容器，靜置6小時萃取咖啡。

●作法

1. 搗碎咖啡凍，放入玻璃杯。

2. 將 A 加入果汁機打碎。

3. 沿著玻璃杯緣擠巧克力醬作裝飾。

4. 將 2 倒入玻璃杯，再以鮮奶油、碎巧克力、薄荷作裝飾。

5. 另外準備一杯冷萃咖啡，連同冰沙一起上桌。

擠巧克力醬時，要讓醬汁呈現不均勻的垂流狀，看起來才會有畫面。杯緣處也要確實擠到巧克力醬，提升視覺完成度。

冷萃咖啡由客人自行添加品嘗。如果不將飲品攪拌開來，加入咖啡後反而更成襯托出纖細且充滿花香的氣息。

既帶視覺性又充滿獨特性，從杯子溢出的維也納咖啡

馭手咖啡

●材料（1杯份）

濃縮咖啡（Ristretto）················· 20～30㎖
礦形冰塊 ······························· 3～4塊
水 ··································· 150㎖
愛爾蘭風味鮮奶油 ····················· 50g

●作法

1. 將冰塊、水倒入杯中。

2. 直接用杯子承接萃取的濃縮咖啡。

3. 輕輕攪拌。

4. 接著倒入愛爾蘭風味鮮奶油。

取20～22g咖啡豆，設定40～50秒萃取出20～
30㎖的Ristretto濃縮咖啡。 此手法能降低苦味
與酸味，同時襯托出風味的厚重表現及餘韻中
的甜味。

愛爾蘭風味鮮奶油是
以愛爾蘭風味糖漿、
現打鮮奶油及蜂蜜自
製而成。 稍微打發即
可，這樣才能與咖啡
一同入口。

冰鎮後讓黑糖變硬的焦糖化技法！

黑糖布蕾拿鐵

●材料（1杯份）

濃縮咖啡（Ristretto）················ 20～30㎖
黑糖蜜 ··· 20g
牛奶 ··· 150㎖
愛爾蘭風味鮮奶油 ·························· 10g
黑糖 ··· 10g
礦形冰塊 ·· 3塊

●作法

1. 冰塊放入杯中。

2. 沿著杯壁內側倒入黑糖蜜。

3. 倒入牛奶。

4. 直接用杯子承接萃取的濃縮咖啡。

5. 倒入愛爾蘭風味鮮奶油。

6. 撒上黑糖，用噴槍炙燒。

沿著杯子內側倒入黑糖蜜，攪拌時會較快與拿鐵融合。

以噴槍炙燒，讓撒上黑糖的部分焦糖化，硬脆口感帶有點綴效果。

能展現出柚子颯爽酸味及苦味的和風通寧濃縮咖啡

柚香通寧濃縮咖啡

●**材料（1杯份）**

濃縮咖啡（Ristretto）·············· 20～30㎖
柚蜜 ··································· 50g
通寧水 ···························· 少於150㎖
礦形冰塊 ···························· 4～5塊

●**作法**

1. 將柚蜜、冰塊倒入杯中。

2. 倒入通寧水。

3. 緩緩倒入濃縮咖啡。

使用將帶皮的柚子切塊醃漬蜂蜜自製而成的柚蜜，能充分展現出柚子本身的爽颯爽苦味及香氣。

貼著冰塊緩緩將濃縮咖啡倒入杯子裡面，能夠盡量減少咖啡脂層（crema）和碳酸起反應所產生的泡沫。

成年人口味的薄荷巧克力，INOKA最有人氣的飲品！

薄荷巧克力拿鐵

●材料（1杯份）

濃縮咖啡 ·················· 30㎖

方形冰塊 ·················· 適量

牛奶 ······················ 210㎖

薄荷糖漿 ·················· 30㎖

巧克力醬 ·················· 適量

●作法

1. 將冰塊放入杯中，依序倒入牛奶、薄荷糖漿。用湯匙整個攪拌均勻。

2. 沿著杯壁繞一圈巧克力醬。

3. 倒入濃縮咖啡。

外帶2杯飲料就能拿到店家原創的紙製提袋。和「薄荷巧克力拿鐵」一樣的薄荷綠＆深咖啡配色非常可愛。

使用中深度烘焙綜合豆萃取而來的濃縮咖啡。 紅色的濃縮咖啡機和磨豆機亦為店內帶來點綴。

充滿玩興的爆米花滋味

焦糖爆米花拿鐵

●材料（1杯份）

濃縮咖啡 ······················· 30㎖

方形冰塊 ························· 適量

牛奶 ······························· 210㎖

爆米花風味糖漿 ············ 10㎖

自製焦糖醬 ····················· 20㎖

鹽 ·································· 1小撮

●作法

1. 冰塊放入杯中，依序倒入牛奶、爆米花風味糖漿，用湯匙整個攪拌均勻。

2. 依序倒入濃縮咖啡、焦糖醬。

3. 撒鹽。

MONIN 的爆米花風味糖漿特色在於充滿烘烤後的爆米花香氣與甜味。鹽則是使用口感醇厚、帶鮮味的葛宏德天然海鹽。

自製焦糖醬。精製白糖加熱變成深焦糖色後，再加入鮮奶油、水、鹽稍微煮過。不要煮得太濃稠，才能與咖啡迅速拌勻。

越來越多人愛上那特殊風味！

假日的黑貓

●材料（1杯份）

冷萃咖啡 ························· 90㎖

八角 ······························ 1顆

西洋梨風味糖漿 ················ 20㎖

蘋果派風味糖漿 ·················· 5㎖

自製檸檬糖漿（※）············ 10㎖

方形冰塊 ·························· 適量

氣泡水（無糖）················ 100㎖

糖漬檸檬片 ························ 1片

櫻桃（罐頭）····················· 1顆

薄荷 ···························· 1小株

※ 自製檸檬糖漿

①準備5顆檸檬。1顆切片，剩餘4顆削去
　表皮（連同白色內皮一起削掉），將果
　肉放入果汁機打成泥，再以網子過濾。

②將①的表皮、果肉、100g精製白糖放入
　容器混合，置於冰箱冷藏24小時入味。

●作法

1. 依序將冷萃咖啡、八角、西洋梨風味
　糖漿、蘋果派風味糖漿、檸檬糖漿加
　入杯中。

2. 放入冰塊，倒入氣泡水。用湯匙整個
　攪拌均勻。

3. 佐上檸檬片、櫻桃、薄荷。

冷萃咖啡（Cold Brew）是將研磨好的咖啡粉30g放至茶包，浸入250㎖的水裡，接著放入冰箱冷藏一晚泡製而成，風味相當清爽。

連皮一起使用，帶有些微苦味的自製檸檬糖漿。用糖漿醃漬過的檸檬片非常適合搭配各類飲品。

結合冷萃手法的通寧濃縮咖啡

藍味咲

●材料（1杯份）

冷萃咖啡（※）·················· 45㎖

糖漿 ·································· 15㎖

方形冰塊 ···························· 適量

通寧水 ······························ 50㎖

香茅蝶豆花茶 ······················ 50㎖

※冷萃咖啡の抽出法

取50g的細磨咖啡粉（瓜地馬拉、中焙）
搭配600㎖的水，浸泡1小時萃取出咖啡
液，另外兩道「壱参伍」的飲品也會使用
冷萃咖啡。

●作法

1. 將冷萃咖啡、糖漿、方形冰塊倒入杯
   中，用湯匙攪拌。

2. 依序加入通寧水、香茅蝶豆花茶。

3. 撈掉上方的泡沫，插入木製攪拌棒。

使用 HARIO 水滴
式 冰 滴 咖 啡 壺
「雫」。會選用
這組冰滴壺，除
了產品本身就很
好用之外，與店
內 所 使 用 的
「KINTO」咖啡
下壺及其他容器
也很搭配。

先萃取較濃的香茅蝶豆花茶，接著放入冰箱冷
藏。香茅蝶豆花茶原本是鮮藍色，但與通寧水
所含的酸反應後，會變成紫色。與通寧水合而
為一的風味和「瓜地馬拉」咖啡的酸味更為契
合。

靈感來自向日葵，充滿夏季氛圍的飲品

日輪草

● 材料（1杯份）

冷萃咖啡	50㎖
夏蜜柑糖漿	40g
方形冰塊	適量
通寧水	50㎖

● 作法

1. 依序將夏蜜柑糖漿、冰塊倒入杯中，拌勻。

2. 沿著攪拌棒緩緩倒入通寧水。

3. 倒入冷萃咖啡。

夏蜜柑糖漿，以3顆分的夏蜜柑切片、3顆分的夏蜜柑果汁以及200g和三盆糖醃漬而成。 和三盆糖高雅的甜味不會影響水果本身的風味。

壱参伍店內的熱咖啡飲品都會附上和三盆落雁糕（譯註：將糕粉與水飴、砂糖混合，再放入模具按壓成型乾燥的糕點），使用德島縣產的和三盆糖自製而成。 除了可以直接享用，也能放入飲品中溶化。

以不加冰塊的空搖手法製作口感滑順的雪克拉托冰搖咖啡

黑醋栗冷萃冰搖咖啡

●材料（1杯份）

冷萃咖啡 ···························· 60㎖
黑醋栗糖漿 ························ 10㎖

●作法

1. 將材料倒入雪克杯，加以搖晃。

2. 倒入玻璃杯。

搖晃重點在於必須垂直且確實地搖動雪克杯。倒入杯子時，先打開上蓋，倒入液體，接著再打開中蓋，倒入泡沫。

壹參伍店內使用了全系列的「1883法國果露糖漿」，以100%蔗糖製成，非常天然。產品本身的風味不會太強烈，能與其他素材協調搭配。

每年夏天都廣受好評！風味爽口的創意飲品

Verano

● 材料（1杯份）

冰咖啡（衣索比亞）※ ………………… 80g

柳橙 …………………………………… 1／8顆

糖球 …………………………… 1個（約10g）

方形冰塊 ………………………………… 4塊

通寧水 ………………………………… 80g

※ 冰咖啡（衣索比亞）

①冰塊在放了60g冰塊的咖啡壺上，擺放內有15g咖啡粉（磨至「中細」程度）的濾杯，將150g熱水分四次倒入。

②第一次倒20g， 倒完熱水後按下計時器，靜置悶蒸30秒。

③第二次倒40g（悶蒸40秒），第三次倒45g（悶蒸40秒），第四次倒45g（悶蒸60秒），總共花費約170秒（3分鐘）完成萃取。

● 作法

1. 將縱切成楔形狀的柳橙放入玻璃杯底。

2. 依序加入糖漿、冰塊。

3. 緩緩倒入通寧水，用攪拌棒輕輕拌勻。

4. 沿著攪拌棒緩緩倒入冰咖啡。

將柳橙放至杯底，才能展現出層次。 可以用料理夾稍微按壓出果汁，那麼與通寧水拌勻時的風味會更融合。

使用不同風味的濃縮咖啡製成咖啡凍

咖啡凍拿鐵

●材料（1杯份）

咖啡凍 ·· 80g

糖球 ···································· 1個（約10g）

牛奶 ·· 100g

方形冰塊 ·· 4塊

●作法

1. 將咖啡凍倒入杯中。

2. 加入糖漿，稍作攪拌。

3. 加入冰塊。

4. 緩緩倒入牛奶。

與兵庫縣丹波市『cafe mano』合力開發的咖啡凍亦是每年夏天的熱銷商品。口味微甜，每份240g，售價700日圓。

咖啡凍結塊時，可用攪拌棒稍微攪開，讓咖啡凍與牛奶相互結合。

店內的店員表示，「如果客人在家想要更有享用咖啡的感覺，會推薦添加TAOCA COFFEE推出的濃縮咖啡歐蕾」。照片中分別是無糖和有糖濃縮咖啡歐蕾，容量皆為600㎖，售價1700日圓。另外也有低咖啡因的濃縮咖啡歐蕾。

出餐時，會特別提醒客人要充分攪拌後再品嘗這杯風味柔和的咖啡牛奶。

西瓜的柔和甜味 × 咖啡風味的絕佳協調表現

西瓜氣泡飲

●材料（1杯份）

濃縮咖啡 ·······································	15g
西瓜（製作糖漿用）······················	80〜100g
糖漿 ··	適量
通寧水 ··	150㎖
西瓜（裝飾用）·······························	1片
方形冰塊 ···	5塊

●作法

1. 用果汁機將西瓜與糖漿打均勻。

2. 將冰塊放入杯中，加入1與通寧水。

3. 倒入萃取好的濃縮咖啡。

4. 擺上西瓜裝飾。

店家會在客人面前慢慢將咖啡倒入西瓜汁裡，讓客人欣賞兩者交融的模樣。舉辦活動時還會上傳影片，非常受客人歡迎。

也可以改作成酒精飲料。推薦使用帶有柔和甜味，以米製成的「SWINGING DOORS」伏特加，充分發揮西瓜的纖細滋味。

咖啡鮮味與鳳梨的調和表現

鳳梨咖啡蘇打

●材料（1杯份）

滴濾咖啡 ································· 70g
鳳梨糖漿 ································· 50㎖
通寧水 ································· 150㎖
方形冰塊 ································· 5塊
鳳梨（冷凍） ································· 1片

●作法

1. 依序將鳳梨糖漿、通寧水、冰塊加入杯中。

2. 直接用杯子承接滴濾咖啡。

3. 擺上鳳梨片裝飾。

這是為了夏季活動所製作的飲料，所以會使用冷凍鳳梨裝飾，除了能冰鎮飲品，也能避免鳳梨變形。

直接將濾杯擺在飲料杯上，緩緩地從靠近液面處倒入熱水滴濾咖啡，那麼咖啡與鳳梨汁會變成漂亮的雙漸層。取15g咖啡豆滴濾出70g的咖啡液（1杯份）。

鳳梨糖漿。混合了鳳梨果汁和100%濃縮還原鳳梨汁，與咖啡搭配上會更協調。

用備受注目的手作可樂為咖啡帶來變化

手工可樂咖啡

●材料（1杯份）

滴濾咖啡（※）⋯⋯⋯⋯⋯⋯⋯ 60g

可樂糖漿 ⋯⋯⋯⋯⋯⋯⋯⋯⋯⋯ 50㎖

檸檬汁 ⋯⋯⋯⋯⋯⋯⋯⋯⋯⋯⋯ 10㎖

蘇打汽水 ⋯⋯⋯⋯⋯⋯⋯⋯⋯ 150㎖

方形冰塊 ⋯⋯⋯⋯⋯⋯⋯⋯⋯⋯ 5塊

檸檬片 ⋯⋯⋯⋯⋯⋯⋯⋯⋯⋯⋯ 1片

※ 取15g咖啡豆滴濾出60g的咖啡液（僅取上層咖啡使用）

●作法

1. 依序將可樂糖漿、檸檬汁、蘇打汽水、冰塊加入杯中。

2. 倒入滴濾咖啡，加以攪拌。

3. 放入檸檬片。

將肉桂、豆蔻、丁香等香料加水與砂糖一起熬煮，再加入焦糖就能製成可樂糖漿。與帶有黑糖香甜風味的咖啡極為契合。

手沖咖啡是使用會讓人一眼就愛上的「Bolio」不鏽鋼濾杯，依照每位咖啡師的沖泡手法，呈現上也非常多元。再加上不需要濾紙，相對環保，活動時使用頗為方便。

「不辜負眾人期待」的自信之作能享受味道上的變化，也能做各種調整變化

BANANA Juice + espresso

●材料（1杯份）

濃縮咖啡（Ristretto）·····················10㎖
香蕉 ·······························1根（約70g）
牛奶 ···································150㎖
香草精 ····································少許
蜂蜜 ·····································少許
方形冰塊 ··································1塊

●作法

1. 將咖啡以外的材料放入果汁機攪打均勻。

2. 取 20g 咖啡豆萃取出 20 ㎖的濃縮咖啡，使用 10 ㎖即可。

3. 將 1 倒入杯子，接著從上方緩緩澆淋咖啡。

嚴選高原栽培的菲律賓產香蕉。開始出現黑斑的香蕉熟度最佳，打出來的果汁也能展現香蕉的自然甜味。

店家其實有嘗試以冷凍香蕉製作香蕉果汁，但發現果汁會太黏稠，倒入濃縮咖啡後會分離，無法攪拌均勻。

結合來自衣索比亞、巴西、烏干達、哥倫比亞的淺焙綜合豆，為了展現香氣，當中也混入了少許中焙豆。這是專為飲品配製的咖啡豆，無對外銷售。

使用伏見酒廠的甜酒。 充滿京都風味的特調拿鐵

Iced AMAZAKE Latte

●材料（1杯份）

濃縮咖啡 ································· 20㎖

米麴甜酒 ································· 70㎖

方形冰塊 ································· 6塊

牛奶 ···································· 130㎖

●作法

1. 將米麴甜酒、冰塊加入杯中。

2. 取 20g 咖啡豆萃取出 40 ㎖ 的濃縮咖啡，使用其中的 20 ㎖。

3. 緩緩倒入牛奶，做出漸層。

4. 接著緩緩倒入濃縮咖啡。

招德酒廠生產的「京之甜酒（京のあまざけ）」為米麴甜酒，不含酒精，充滿自然香甜（無添加糖類）及濃郁感，與拿鐵的搭配性絕佳。

濃縮咖啡使用了中深焙的綜合豆，也能換成單品咖啡豆（＋100 日圓）。

品嘗起來充滿清爽的水果風味

季節限定冷萃咖啡（柳橙）

●材料（1杯份）

柳橙漬冷萃咖啡（※）

.... 200㎖

方形冰塊 6塊

柳橙切片 1片

※柳橙漬冷萃咖啡

①容器中加入800㎖的水以及1包「衣索比亞耶加雪菲G1」咖啡濾包（50g），浸泡8小時。

②加入半顆分的柳橙切片，繼續浸泡4小時。

●作法

1. 將冰塊加入杯中。

2. 倒入冷萃咖啡。

3. 擺上柳橙片裝飾。

充滿果香的咖啡與纖細的香草風味是絕配！

香草冰咖啡

● **材料（1杯份）**

滴濾咖啡 ······························· 120㎖
方形冰塊 ································· 5塊
香草（檸檬馬鞭草）糖漿 ············· 20g
山椒葉 ···································· 1片

● **作法**

1. 咖啡壺先放入冰塊，接著滴濾咖啡。

2. 將咖啡連同冰塊倒入玻璃杯。

3. 加入香草糖漿，攪拌均勻。

4. 擺入山椒葉。

在咖啡壺放入冰塊，滴濾急冷式冰咖啡。18g
咖啡豆所用的熱水量為120㎖（1杯份），使用
「HARIO V60」濾杯，帶溝槽的單孔設計方便
控制滴濾速度，更容易沖泡出想要的咖啡風
味。

以自然農法栽培多種香草，店家會以甜菜糖醃
漬當下收成的香草製成糖漿。

不同糖漿會搭配不同的裝飾
香草，檸檬馬鞭草糖漿會配
上山椒葉。無農藥與肥料的
自家栽培香草使用起來不僅
安心，香氣也非常迷人。

淺焙濃縮咖啡與檸檬的清爽組合

Lemonesso

●材料（1杯份）

濃縮咖啡（Ristretto）⋯⋯⋯⋯⋯⋯⋯ 30㎖

檸檬糖漿 ⋯⋯⋯⋯⋯⋯⋯⋯⋯⋯⋯⋯⋯ 20g

方形冰塊 ⋯⋯⋯⋯⋯⋯⋯⋯⋯⋯⋯⋯⋯ 3塊

氣泡水 ⋯⋯⋯⋯⋯⋯⋯⋯⋯⋯⋯⋯⋯ 100㎖

●作法

1. 萃取濃縮咖啡。

2. 將咖啡、檸檬糖漿、冰塊加入玻璃杯，
   攪拌均勻。

3. 緩緩倒入氣泡水。

咖啡為 Ristretto Double Shot（短濃縮雙份特濃），縮短萃取時間，保留下咖啡最濃最美味的部分。 加入氣泡水稀釋後還是能嘗到十足的咖啡風味。

使用能調整碳酸強度的 SodaStream 氣泡水機，能依照需求量製作氣泡水。 不會產生寶特瓶垃圾，為減塑盡份心力。

將自然栽培的檸檬切圓片，以甜菜糖醃漬檸檬糖漿。 還能用來調製很受小孩歡迎的檸檬水，因此會以大瓶罐醃漬備用。

靈感來自南國渡假村的爽快滋味

Ice Colombiana

●材料（1杯份）

咖啡（※）·············	120㎖
蜂蜜 ·················	18g
方形冰塊 ·············	適量
岩鹽 ·················	少許
礦形冰塊 ·············	適量
刨冰 ·················	適量
萊姆 ·················	1塊
薄荷 ·················	1小株

※取18g中研磨咖啡粉加入愛樂壓（Aeropress）後，注入140㎖ 91℃的熱水萃取咖啡。

●作法

1. 蜂蜜加入咖啡，充分攪拌均勻。加入冰塊降溫，讓咖啡份量為 200㎖。

2. 在玻璃杯緣塗抹萊姆（份量外），裹上岩鹽。

3. 放入礦形冰塊，倒入 1。

4. 接著直接在上方製作刨冰。

5. 佐上萊姆、薄荷。

搭配柳橙花蜜，會與柑橘系咖啡更契合。為了讓蜂蜜更容易溶解，愛樂壓的熱水溫度比平常高1℃。會使用愛樂壓是因為「愛樂壓萃取的咖啡表現更濃縮」。

最後再以手持式電動刨冰機於最上方製作綿密刨冰。不僅視覺上充滿清涼感，第一口就能嘗到冰鎮風味，廣受好評。

用雪克杯搖製出無酒精的愛爾蘭咖啡

濃縮冰咖啡 with Crema

●材料（1杯份）

濃縮咖啡 ··· 30g
Carib 糖漿 ··· 20㎖
方形冰塊 ··· 適量
刨冰 ··· 適量
鮮奶油（乳脂含量35%） ··················· 30㎖
濃縮咖啡粉 ··· 少許

●作法

1. 事先備妥所有材料的用量。萃取濃縮咖啡。

2. 將濃縮咖啡、Carib 糖漿、冰塊放入雪克杯，加以搖晃。

3. 將 2 倒入玻璃杯，於上方削入剉冰。

4. 加入狀態微稠的鮮奶油。

5. 撒點濃縮咖啡粉。

取 24g 咖啡豆，萃取 30g 咖啡液。店家堅持使用新鮮萃取的濃縮咖啡。

仔細上下搖晃，讓所有材料充分混合，飲品變得冰涼，口感上也會相當滑順。

酸甜的果香風味咖啡

天然莓果咖啡

●材料（1杯份）

咖啡（※）······················ 120㎖

Carib糖漿 ······················ 20㎖

方形冰塊 ······················ 適量

糖漬綜合莓果（冷凍） ·········· 40g

礦形冰塊 ······················ 適量

檸檬切塊 ······················ 1塊

※取18g中研磨咖啡粉加入愛樂壓後，注入140㎖ 90℃的熱水萃取咖啡。

●作法

1. 將Carib糖漿加入咖啡並攪拌。加入方形冰塊降溫，讓咖啡份量為200㎖。

2. 依序將35g的糖漬綜合莓果、礦形冰塊放入玻璃杯，倒入1。

3. 擺入剩餘的莓果。

4. 佐上檸檬。

愛樂壓的悶蒸時間為30秒，按壓時間則為45秒。以愛樂壓萃取的咖啡滋味較濃縮，佐以大量莓果也能展現出協調性。

Carib糖漿（天然蔗糖液）澄澈的甜味不會影響咖啡風味。充滿透明感的優雅甜味令人喜愛。

VANCOUVER
COFFEE

大人滋味的微苦果凍。 徹底享受兩種形式的咖啡風味

Coffee Jelly Float "Café"

●材料（1杯份）

濃縮咖啡 ················· 22㎖（取18g咖啡豆）

咖啡凍（※）··································· 70g

方形冰塊 ·································· 約6塊

牛奶 ······································ 70㎖

香草冰淇淋 ································ 70g

※咖啡凍（容易製作的份量）

①將7.5g吉利丁粉和60㎖熱水加入咖啡
　壺，泡開吉利丁，加入30g精製白糖，
　使其溶化。

②在咖啡壺上擺放濾杯， 加入35g
　「Vancouver綜合豆」 咖啡粉， 倒入
　600㎖熱水萃取咖啡液。 將咖啡壺內的
　吉利丁和咖啡拌勻。

③將②倒入容器，變得不燙手後，放入冰
　箱冷藏降溫凝固。

●作法

1. 將咖啡凍加入杯中。

2. 加入冰塊、倒入牛奶。

3. 擺上香草冰淇淋。

4. 從冰淇淋上方澆淋咖啡。

將咖啡凍切成方便使用吸管吸取的大小。

冰塊多少都會融
化，因此冰塊量
可以稍微超出杯
子高度。 要緩緩
倒入牛奶，避免
杯底的咖啡凍浮
到上層。

充分展現濃郁抹茶滋味及香氣的水果風味特調飲品

Coffee Jelly Float "Matcha"

●材料（1杯份）

有機抹茶粉（Nodoka）	4g
熱水	30㎖
咖啡凍	70g
方形冰塊	約6塊
糖漿	8g
牛奶	60㎖
香草冰淇淋	70g

●作法

1. 於熱水加入抹茶粉，沏好後，以濾網篩過。

2. 依序將咖啡凍、冰塊加入杯中。

3. 倒入與糖漿混勻的牛奶，擺上香草冰淇淋。

4. 最後澆淋 1 的抹茶。

以抹茶刷沏茶，客人點餐後再開始製作。 製作時店內會充滿抹茶香，讓客人好好享受飲品上桌前的時光。 多了過濾這道功夫，會讓抹茶嘗起來更滑順。

店家為了追求冰淇淋融化時的口感，特別選用乳固形物高於15.0%（其中乳脂肪含量為8.0%以上）的冰淇淋。 盛入一球冰淇淋，讓冰淇淋能夠漂浮在飲品上，視覺呈現也會更立體。

澄澈的顏色對比看起來非常清爽。 能夠大口入喉，再適合夏天不過的滋味

西西里咖啡

●材料（1杯份）

濃縮咖啡 ⋯⋯⋯⋯⋯⋯⋯⋯⋯⋯⋯⋯ 22㎖

檸檬糖漿（※）⋯⋯⋯⋯⋯⋯⋯⋯⋯ 30㎖

方形冰塊 ⋯⋯⋯⋯⋯⋯⋯⋯⋯⋯⋯ 約7塊

強碳酸氣泡水（無糖）⋯⋯⋯⋯⋯ 100㎖

蜂蜜漬檸檬片 ⋯⋯⋯⋯⋯⋯⋯⋯⋯⋯ 4片

※ 檸檬糖漿（容易製作的份量）

1. 將 3 顆日本國產檸檬（中型）切成 2 mm
   厚的片狀。

2. 將檸檬片擺入容器，倒入 300g 蜂蜜，
   放入冰箱冷藏存放 2 天。過程中要將檸
   檬滲出的水分與蜂蜜多次混合。

●作法

1. 將檸檬糖漿倒入杯中。

2. 加入冰塊，倒入強碳酸氣泡水。

3. 用攪拌匙輕輕將糖漿和氣泡水稍微拌
   勻。

4. 貼著杯壁放入 3 片檸檬片。

5. 倒入濃縮咖啡。

6. 最後再佐上檸檬片

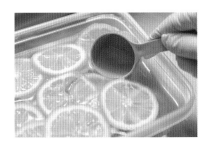

使用外皮充分洗淨的日本國產檸檬。 自製糖漿
的絕佳風味及香氣全來自檸檬滲出的汁液和蜂
蜜。

店家講究清爽氛
圍及網美視覺
度，刻意貼著杯
壁放入檸檬。 1
片擺在最上方作
裝飾，裡頭則有
3 片，使用大量
檸檬片，打造出
適合夏天氣息的
飲品。

以誕生石為主題的特調飲品

橄欖石薄荷咖啡

●材料（1杯份）

滴濾咖啡 ······························· 100㎖
青蘋果風味糖漿 ······················· 20g
莫希托風味糖漿 ······················· 15g
方形冰塊（急冷用）···················· 適量
方形冰塊（飲品用）···················· 2塊

●作法

1. 將青蘋果風味糖漿倒入玻璃杯中。

2. 緩緩加入莫希托風味糖漿。

3. 取 16g 咖啡豆以法蘭絨濾布萃取 100
   ㎖的咖啡液。在承接咖啡液的咖啡壺
   放入大量冰塊，讓咖啡快速冷卻，接
   著取出冰塊。

4. 將冰咖啡緩緩倒入 2 的玻璃杯，最後
   加入飲品用的冰塊。

添加莫希托風味
糖漿的時候，要
沿著湯匙緩緩倒
入，才能做出漂
亮漸層。

取 16g 咖啡豆慢
慢萃取出風味濃
厚的咖啡，才能
與香氣強烈的糖
漿相抗衡。

時下盛行的香蕉 × 濃縮咖啡。 呈現出穩重的濃郁滋味

香蕉・咖啡

●材料（1杯份）

濃縮咖啡 ……………………………………………… 30ml

煉乳 ……………………………………………………… 15g

蜂蜜 ……………………………………………………… 15g

香蕉（剝皮後冷凍）………………………… 35～40g

牛奶 ……………………………………………………… 90g

方形冰塊 ……………………………………………… 2塊

●作法

1. 取 25g 咖啡豆萃取出 60 ml 的濃縮咖啡，使用半量 30 ml。

2. 將煉乳、蜂蜜加入咖啡中，攪拌均勻。

3. 香蕉、牛奶放入果汁機攪打。

4. 將 2 與冰塊放入玻璃杯，倒入 3 的香蕉汁。

可將蜂蜜放在咖啡機上，微溫的蜂蜜加入咖啡中會更容易拌勻。

將香蕉放到開始出現黑斑，打汁後，分裝成 1 杯份量放入冷凍存放。 因為香蕉本身就是冰的，所以能避免冰塊稀釋掉味道。

031 yama coffee

SHOP DATA P005

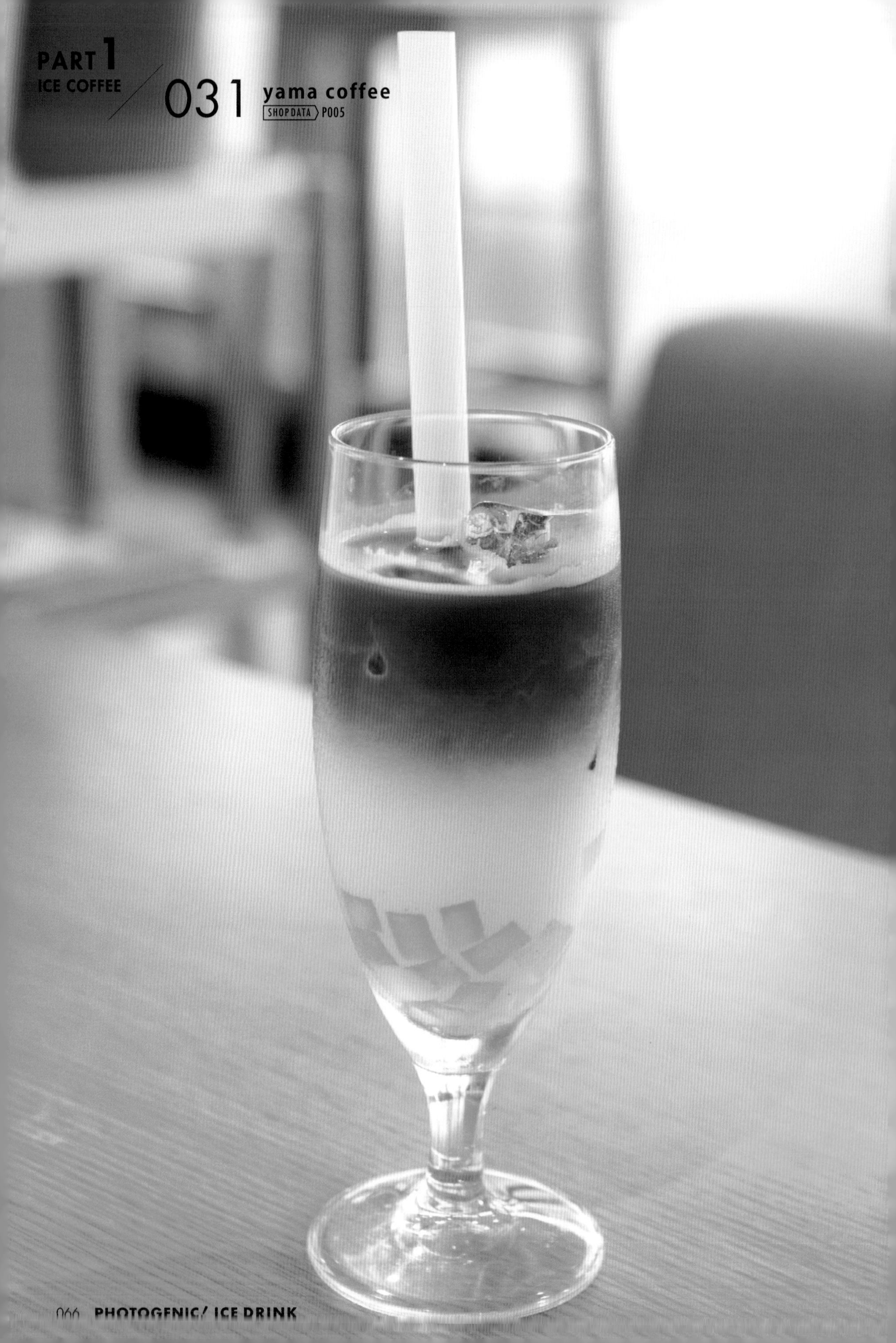

甜味與苦味的絕妙協調表現。蕨餅的Q彈口感廣受好評！

蕨餅咖啡拿鐵

●材料（1杯份）

濃縮咖啡 ……………………………………… 30㎖
蕨餅（切小塊）……………………………… 25g
牛奶 ……………………………………………… 130g
方形冰塊 ……………………………………… 3塊

●作法

1. 取25g咖啡豆萃取60㎖的濃縮咖啡，
   使用半量30㎖。

2. 將蕨餅放入玻璃杯，倒入牛奶，加入
   冰塊。

3. 緩緩倒入咖啡。

蕨餅要先切成小塊狀，方便客人以吸管吸取飲用。

貼著冰塊緩緩將濃縮咖啡倒入杯中，做出與白色牛奶間的漸層。

檸檬提升了冷萃咖啡才有的清爽感

檸檬氣泡咖啡

●材料（1杯份）

冷萃咖啡 ································· 100㎖

氣泡水（無糖）······················· 80㎖

檸檬糖漿 ····························· 40㎖

檸檬片 ································ 1片

方形冰塊 ····························· 80g

●作法

1. 將冰塊放入玻璃杯。

2. 倒入氣泡水。

3. 放入檸檬糖漿，加以攪拌。

4. 在冰塊上擺放檸檬片。

5. 倒入冷萃咖啡。

以甜菜糖醃漬檸檬片幾天後，會自然滲出果汁，成為檸檬糖漿。醃漬時要記得將黑胡椒和丁香放入茶包裡一起醃漬。

以冷萃咖啡（採訪時是使用「尼加拉瓜」咖啡豆）搭配檸檬糖漿和氣泡水的話，整體拌勻後的口感會非常清爽。淺〜中焙的咖啡與碳酸及檸檬的契合度非常高。

襯托出辛辣的生薑香氣

薑汁拿鐵

●材料（1杯份）

濃縮咖啡 ··· 25㎖

牛奶 ·· 150㎖

薑汁風味糖漿 ···································· 30㎖

方形冰塊 ·· 80g

●作法

1. 將冰塊放入玻璃杯中。

2. 倒入牛奶。

3. 倒入薑汁風味糖漿，加以攪拌。

4. 倒入咖啡。

以新鮮生薑自製而成的薑汁風味糖漿。把薑片放入溶有甜菜糖的水中醃煮，會選用甜菜糖是為了讓甜味更清爽。

取19.5g咖啡豆萃取Double Shot（雙份濃縮，約50㎖）咖啡液。與牛奶搭配的咖啡飲品著重果香表現，因此選用淺焙豆。

抹茶與濃縮咖啡的跳 tone 搭配實在契合

抹茶拿鐵濃縮咖啡 & 巧克力 plus

●材料（1杯份）

濃縮咖啡 ································· 25㎖
巧克力醬 ································· 適量
抹茶 ······································· 4g
甜菜糖 ····································· 8g
牛奶 ···································· 150㎖
方形冰塊 ································· 80g

●作法

1. 在玻璃杯內側塗抹巧克力醬。

2. 將抹茶與甜菜糖混合，加入濃縮咖啡
   中溶解。

3. 將冰塊放入杯中。

4. 倒入牛奶。

5. 將 2 邊過濾邊加入杯中。

嚴選在日本全國茶品
評會連續三年榮獲產
地賞優勝，知名度極
高的長崎縣東彼杵町
產抹茶。透過朋友介
紹，直接向茶商採
購。

以蒲隆地咖啡和氣泡水改造成無酒精雞尾酒

仙杜瑞拉 RUGORI

●材料（1杯份）

滴濾咖啡	60㎖
鳳梨切片（罐頭）	1/2片
方形冰塊	4塊
鳳梨汁	20㎖
柳橙汁	20㎖
檸檬汁	20㎖
聖沛黎洛氣泡水	適量

（配合杯子尺寸，讓飲品最後的液高接近杯口）

●作法

1. 將鳳梨切片、冰塊放入雪克杯，接著加入鳳梨汁、柳橙汁和檸檬汁。

2. 搖晃 5 秒後，倒入玻璃杯。

3. 接著倒入氣泡水，要做出漸層效果。

4. 最後倒入以濾紙滴濾萃取的淺焙「蒲隆地 RUGORI CWS」咖啡液。

為了製作今年度的新創作飲品，店內決定開始使用雪克杯。試作時發現只有果汁的話味道會略顯不足，於是添加鳳梨果肉，明顯提升了飲品的紮實度。

最後一定要緩緩倒入咖啡，才能做出漂亮漸層。成品視覺上也會充滿清涼感。因為希望飲品口感清爽無雜味，於是選擇以濾紙滴濾萃取咖啡。

像在品嘗高級巧克力般的奢華滋味

巴西ChocolatAmarelo

●材料（1杯份）

滴濾咖啡 ……………………………… 60㎖

香蕉（冷凍） …………………………… 1根

香草冰淇淋 …………………………… 45g

可可粉 …………………………………… 5g

牛奶 ……………………………………… 適量

巧克力醬 ………………………………… 適量

方形冰塊 ……………………………… 2塊

●作法

1. 將冷凍香蕉、香草冰淇淋、可可粉放入果汁機，倒入牛奶使總量達200g，攪打成泥。

2. 將1移至裝有冰塊的瓶子裡。

3. 用巧克力醬裝飾玻璃杯內側。

4. 將2從瓶子倒入玻璃杯中。

5. 以法蘭絨濾布萃取中焙「巴西Irmas Pereira」的咖啡液，並倒入杯中。

6. 在最上方撒點可可粉（份量外）。

凍飲使用的香蕉要先冷凍，冰淇淋則是以保鮮膜分包成1次用量。

先以巧克力醬在玻璃杯內側塗抹出紋樣。 多了這道功夫，會讓飲品看起來更加美味。

喝了之後會充滿精神的新體驗飲品

Geisha Energy

●材料（1杯份）

滴濾咖啡 ································ 60㎖

能量飲料（SURVIVOR） ·············· 120㎖

方形冰塊 ································· 2塊

●作法

1. 將冰塊放入玻璃杯中。

2. 倒入以愛樂壓萃取的淺焙「衣索比亞藝妓村」咖啡。

3. 接著倒入能量飲料。

以能夠直接展現華麗風味的愛樂壓萃取咖啡液，讓客人在飲畢時能夠感受到咖啡具備的強勁表現。 取22g細磨藝妓咖啡豆搭配78g的熱水， 先將熱水倒入濾筒後， 再加入咖啡粉。 為了讓咖啡粉能夠均勻膨脹， 攪拌時勿用攪拌棒， 而是將整隻容器放在桌上轉動搖晃後， 再萃取出咖啡液。

抹茶、牛奶、濃縮咖啡絕佳搭配的甜點飲料

抹茶漂浮拿鐵

● **材料（1杯份）**

濃縮咖啡 …………………………………	1份
抹茶糖漿 …………………………………	30㎖
牛奶 ………………………………………	120㎖
方形冰塊 …………………………………	5塊
香草冰淇淋 ………………………………	1球
抹茶粉 ……………………………………	適量

● **作法**

1. 將抹茶糖漿、牛奶、冰塊加入杯中混合。

2. 倒入濃縮咖啡。

3. 擺上香草冰淇淋，撒入抹茶粉。

使用以宇治「丸久小山園」抹茶製成的糖漿。取5g抹茶粉和20～30g熱水及3～5g雙目糖攪拌均勻。

市售抹茶冰淇淋的抹茶味太膩，因此改用香草冰淇淋。杯緣處也要撒入大量抹茶粉，聞起來會更香。

通寧濃縮咖啡進化版。 用萊姆和碳酸打造出令人驚艷的飲品

萊姆濃縮咖啡

●材料（1杯份）

濃縮咖啡 ································ 1份
萊姆口味糖漿 ······················ 20㎖
方形冰塊 ····························· 5塊
氣泡水 ······························· 140㎖

●作法

1. 將萊姆糖漿、冰塊放入杯中。

2. 倒入氣泡水，接著加入咖啡。

使用市售萊姆糖漿，帶有獨特苦味的萊姆擁有不輸給濃縮咖啡的存在感，顏色鮮豔，視覺表現華麗。

使用中深焙豆萃取濃縮咖啡。 考量店內空間僅8坪較為狹窄，因此選擇了 La Marzocco GS3單孔咖啡機。

淺焙冷萃咖啡的澄澈果香滋味與檸檬無比契合

冰檸檬咖啡

●材料（1杯份）

冷萃咖啡 ·························· 150㎖
檸檬糖漿 ···························· 1大匙
方形冰塊 ······························ 5塊
檸檬片 ······························ 2～3片

●作法

1. 將檸檬糖漿、冰塊放入杯中。

2. 倒入冷萃咖啡，加以攪拌。

3. 佐上檸檬片裝飾。

耗時12小時萃取之後，先將咖啡包取出，再以濾紙過濾咖啡，味道不僅會更澄澈，還能凸顯出果香風味。

將滋賀產的檸檬連皮切圓片，與雙目糖一起醃漬製作成糖漿。滋味溫和醇厚，與咖啡極為相搭。

使用靈感來自甜點師的醬料，展現濃郁香甜滋味

白巧克力拿鐵

●材料（1杯份）

濃縮咖啡 ·· 1份
牛奶 ··· 120㎖
白巧克力醬 ······································ 30㎖
方形冰塊 ··· 5塊
剁碎的牛奶巧克力和白巧克力 ·········· 適量

●作法

1. 將牛奶、白巧克力醬、冰塊放入杯中拌勻。

2. 倒入濃縮咖啡。

3. 撒上剁碎的牛奶巧克力和白巧克力。

為了搭配中深焙豆子萃取的濃縮咖啡，請甜點師幫忙特製的白巧克力醬。 帶有外國甜點般的濃厚香甜滋味。

撒上剁碎的牛奶巧克力和白巧克力。 以白巧克力為基底，搭配點牛奶巧克力作點綴。

柳橙酸味和外皮苦味孕育而成的夏季風情飲品

冷萃苦橙

●材料（1杯份）

冷萃咖啡（※）······················· 120㎖
柳橙切片 ····························· 30g
柳橙（裝飾用）····················· 適量
薄荷 ······························· 適量
糖漿 ························· 1～2大匙

※冷萃咖啡
咖啡粉（使用的豆子須達深焙程度）
······························· 100g
水（以淨水器濾過的自來水）······· 1200㎖
將咖啡粉泡水8小時後再過濾，能取得約
1000㎖的咖啡液。

●作法

1. 將冰塊、冷萃咖啡、柳橙放入水壺中，
   稍微搗壓讓柳橙出汁。

2. 將咖啡倒入杯中，擺上裝飾的柳橙切
   片和薄荷。再依喜好添加糖漿。

微酸的咖啡和萊姆相當契合

夏日萊姆薄荷

●材料（1杯份）

冷萃咖啡 ·· 120㎖
萊姆切片 ·· 30g
薄荷 ··· 適量
糖漿 ··· 1～2大匙

●作法

1. 將萊姆片浸入咖啡中並加以搗壓。萊姆皮薄肉厚，可以搗壓出大量果汁。

2. 將 1 倒入玻璃杯，擺上薄荷裝飾。可依喜好添加糖漿，不僅能增添香氣，還能品嘗到高雅的甜味。

結合葡萄柚和鳳梨的熱帶風情飲品

葡萄柚 & 鳳梨冷萃咖啡

● 材料（1杯份）

冷萃咖啡 ·· 120㎖

葡萄柚 ·· 15g

鳳梨（罐頭） ·································· 15g

鳳梨、葡萄柚（裝飾用） ·················· 適量

薄荷 ·· 適量

糖漿 ·· 1～2大匙

● 作法

1. 將葡萄柚和鳳梨切小塊。葡萄柚連皮一起切。若是使用鳳梨罐頭，將鳳梨取出後切成四等分。

2. 將切好的水果放入裝有咖啡的水壺裡浸泡。再用吧檯匙搗壓壺裡的水果，讓果汁滲出。

3. 依喜好在玻璃杯裡擺入裝飾用鳳梨、葡萄柚和薄荷，再加點糖漿，可以讓風味更多元。

莓果的酸甜和清爽的冷萃咖啡十分相搭

冷萃 Berry de Berry

● 材料（1杯份）

冷萃咖啡 ··· 120㎖
草莓（※可用覆盆子替代） ················· 15g
藍莓 ·· 15g
薄荷 ·· 適量
糖漿 ·· 1～2大匙

● 作法

1. 草莓對切成半。

2. 草莓放入裝有咖啡的水壺中，將草莓
   搗壓出汁。再用吧檯匙搗壓藍莓，讓
   藍莓清爽的酸味滲入咖啡中。

3. 將 2 倒入玻璃杯，再擺入薄荷裝飾。
   使用紅色草莓、紫色藍莓等食材會讓
   視覺表現更亮麗。佐以薄荷後，整體
   色調更繽紛。最後再依喜好添加糖漿。

PART 2

ICE DRINK

SHOP LIST

INOKA
- □地址／東京都三鷹市井の頭4-1-11 水月ビル1F
- □TEL／0422（44）7121
- □URL／https://www.instagram.com/inoka.cafe

GUUUTARA COFFEE
- □TEL／080（5495）5737
- □URL／https://www.instagram.com/nougar.
  guuutaracoffee/

MIRliton Café
- □地址／東京都新宿区富久町16-12
- □TEL／03（6886）7474
- □URL／https://mirlitoncafe.storeinfo.jp

BowRabit 大泉学園店
- □地址／東京都練馬区東大泉5-43-1　2階201
- □TEL／03（6904）5679
- □URL／https://bowrabit.jp

ape Mamma Mia なんてこったバナナ研究所
- □地址／愛知県名古屋市中区金山1-14-9
  長谷川ビルB1F カナヤマギンザ内
- □TEL／080（3650）8521
- □URL／https://www.instagram.com/
  mamma_mia_laboratory

and.cafe
- □地址／大阪府大阪市東成区深江南1-9-28
- □TEL／06（7708）4252
- □URL／https://www.instagram.com/and___
  cafe/?hl=ja

KANMON BAKE
- □地址／山口県下関市観音崎町10-11
- □TEL／083（250）9423
- □URL／https://www.instagram.com/
  kanmon_bake/?hl=ja

area coffee
- □地址／福岡県福岡市中央区白金1-10-3
- □TEL／092（533）3030
- □URL／https://www.facebook.com/areacoffee

Siphon Tatsuya
- □地址／熊本県玉名郡長洲町長洲3112
- □URL／https://www.instagram.com/
  higashiharatatsuya/?hl=ja

CAFE HYBRID
- □地址／埼玉県川越市新富町1-11-2 シントミビル1F
- □TEL／049（299）4922
- □URL／http://www.cafe-hybrid.com

SODA BAR
- □地址／神奈川県横浜市中区新港1-3-1
  MARINE ＆ WALK YOKOHAMA 1F
- □TEL／045（263）6448
- □URL／http://sodabar.jp/

&ISLAND
- □地址／大阪府大阪市中央区北浜2-1-23
- □TEL／06（6233）2010
- □URL／http://andisland.com/

CAFÉ FLOW
- □地址／愛知県名古屋市中区栄3-20-27
  名古屋ダイヤビル2F
- □TEL／052（238）3335
- □URL／http://www.cafe-flow.jp

neu. cafe 箕面船場本店
- □地址／大阪府箕面市船場西3-6-40
- □TEL／072（796）3751
- □URL／http://www.neu-cafe.com/

北歐色調的藍與黃非常耀眼

藍色漂浮檸檬

●材料（1杯份）

自製檸檬糖漿（※） ·························· 30㎖
氣泡水（無糖） ···························· 190㎖
藍柑風味糖漿 ···························· 15㎖
檸檬片 ·· 2片
香草冰淇淋 ···································· 1球
方形冰塊 ·· 酌量

※ 自製檸檬糖漿（容易製作的份量）

檸檬 ·· 20顆
精製白糖 ···································· 500g

①取10顆檸檬切成圓片。 剩餘10顆削掉表
　皮，放入果汁機將果肉打成泥狀。

②混合所有材料，放入冰箱冷藏24小時使
　其入味。

●作法

1. 將冰塊放入杯中，倒入氣泡水。

2. 加入自製檸檬糖漿，用湯匙整個攪拌
　 均勻。

3. 加入藍柑風味糖漿。

4. 依序擺入檸檬片、香草冰淇淋。

自製檸檬糖漿。 糖漿用來加入果汁裡，檸檬片
則是裝飾飲料用。 檸檬片直接品嘗也很美味。

挑選法國MONIN出
品，帶有柳橙清爽果
皮香氣的藍柑風味糖
漿。 加入糖漿後的飲
料會變澄澈漂亮的藍
色。

047 INOKA

SHOP DATA P097

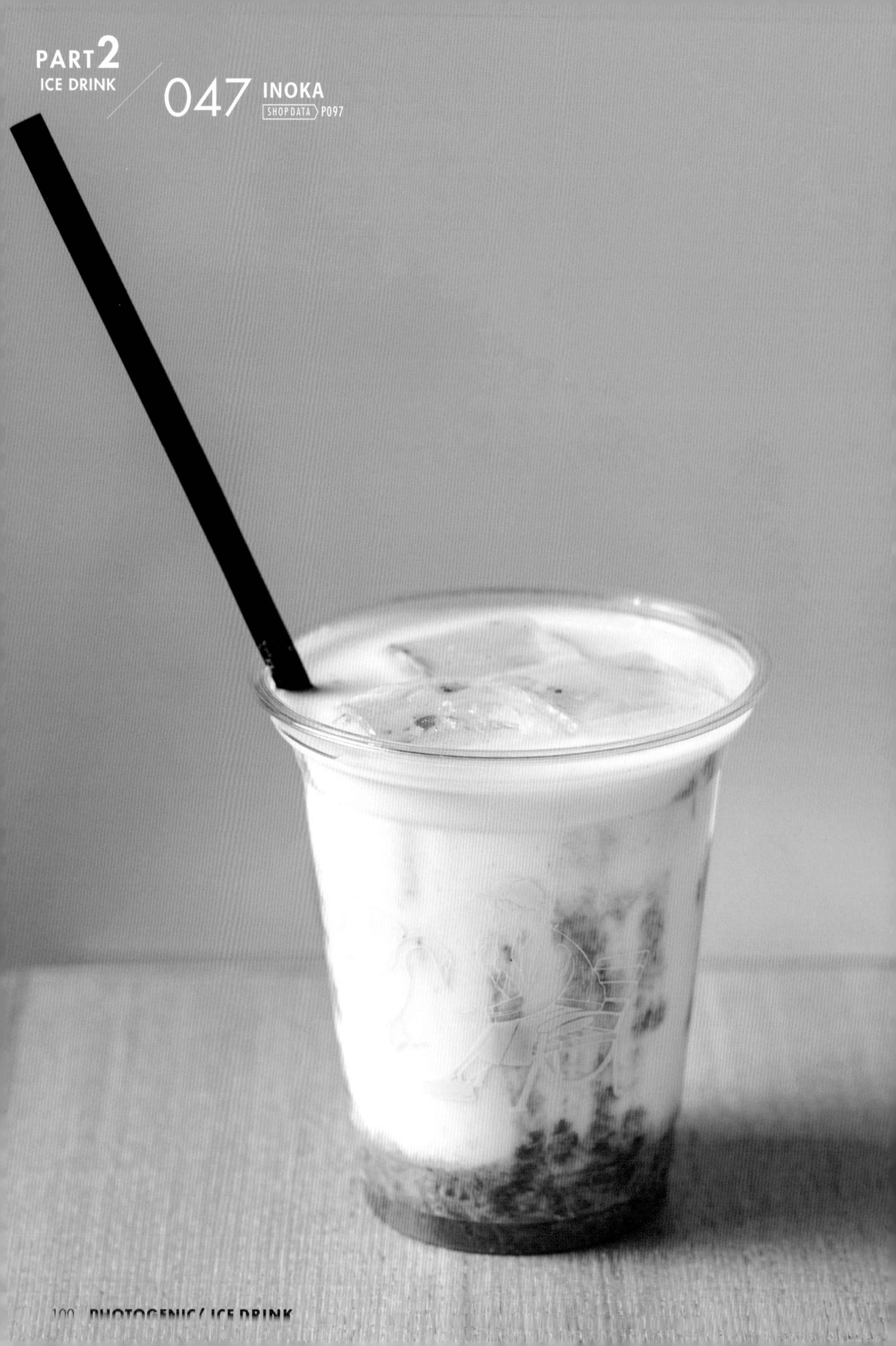

溫和香甜的美顏飲

甜酒草莓牛奶

●材料（1杯份）

牛奶 ··· 140㎖

甘酒（單純以米麴製成，不用稀釋的甜
酒）··· 90㎖

自製草莓糖漿（※）························· 30㎖

方形冰塊 ··· 酌量

※自製草莓糖漿（容易製作的份量）

草莓 ··· 500g

精製白糖 ··· 400g

檸檬果汁 ··· 15㎖

①將草莓、白糖、300㎖的水放入鍋中加
　熱，滾沸後轉小火繼續烹煮。

②白糖完全溶解後，關火放涼，接著加入
　檸檬汁。

③用果汁機打成泥狀。

●作法

1. 將冰塊放入杯中，倒入牛奶、甜酒，
　用湯匙攪拌均勻。

2. 澆淋入自製草莓糖漿。

完全未使用添加物，較為濃稠醇厚的自製香濃
草莓糖漿。最後加入檸檬汁能讓糖漿的甜味更
鮮明。

048 INOKA

SHOP DATA P097

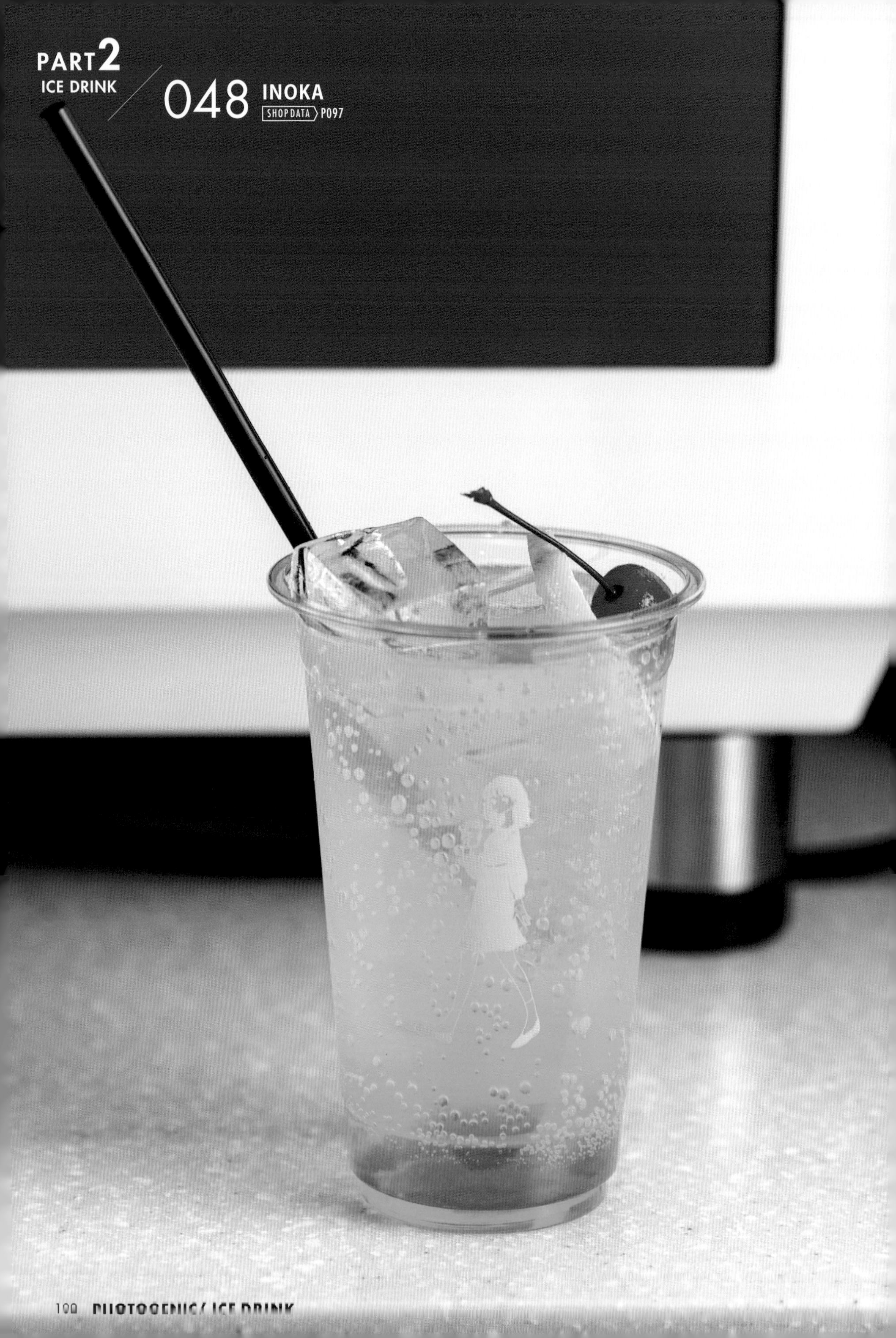

懷念滋味重啟流行

喫茶inoka哈密瓜蘇打

●材料（1杯份）

哈密瓜風味糖漿 ································· 45㎖
氣泡水（無糖） ································· 190㎖
檸檬片 ·· 1片
櫻桃（罐頭） ··································· 1顆
方形冰塊 ······································· 酌量

●作法

1. 將冰塊放入杯中，倒入哈密瓜風味糖漿。

2. 倒入氣泡水。

3. 擺上檸檬片、櫻桃裝飾。

哈密瓜風味糖漿是取SUNTORY和SUMIDA飲料各500㎖的哈密瓜風味糖漿，以及2滴富澤商店的哈密瓜精調製而成。加了哈密瓜精會更像「各位印象裡的哈密瓜味」。

049 GUUUTARA COFFEE

SHOP DATA P097

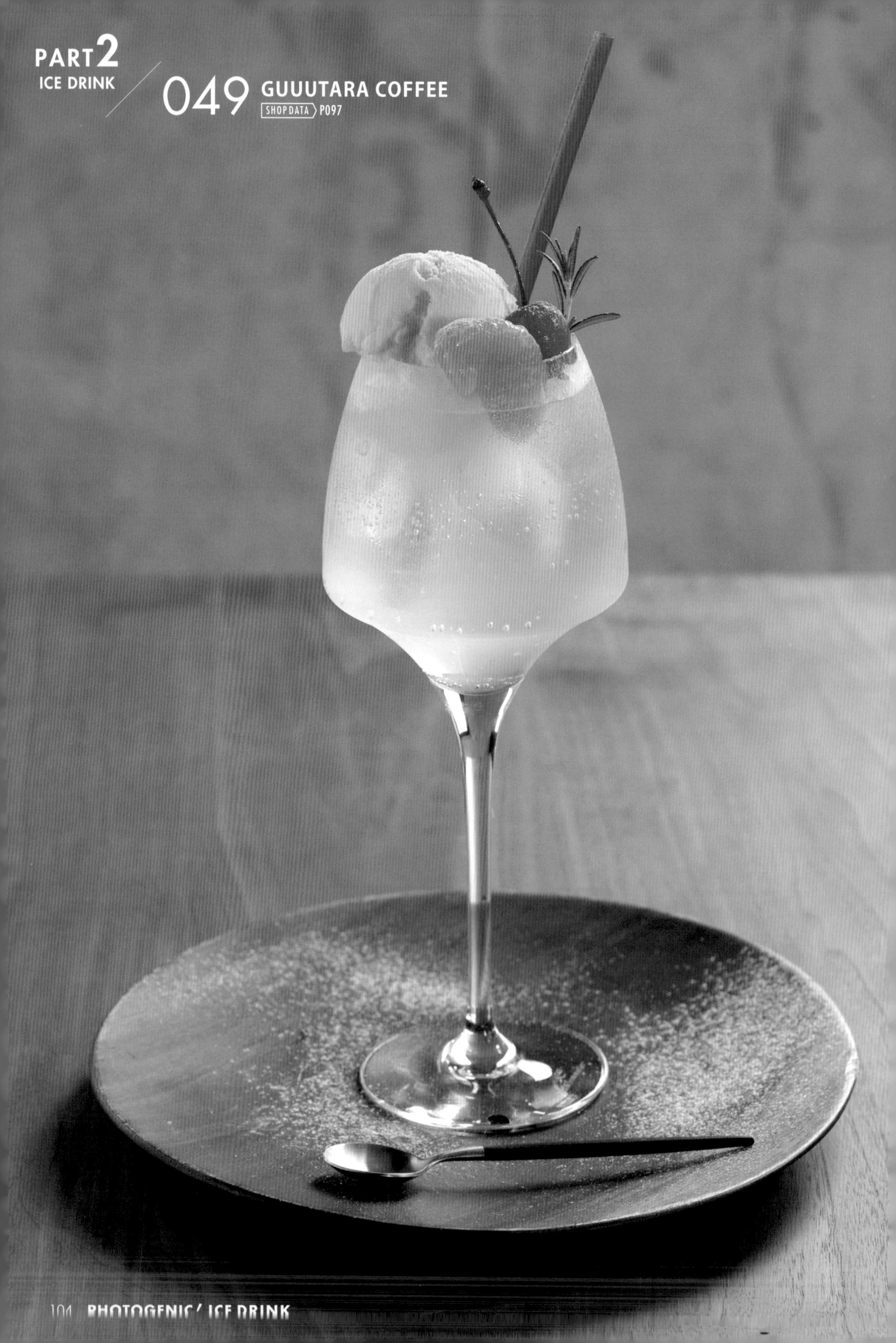

以藍綠色的深淺和糖粉展現雪白氛圍

雪白冰淇淋蘇打

●材料（1杯份）

百香果風味糖漿	16㎖
藍柑風味糖漿	2.5g
蘇打汽水	240㎖
香草冰淇淋	適量
橘子（罐頭）	1片
櫻桃（罐頭）	1顆
迷迭香	1小株
糖粉	適量
方形冰塊	適量

●作法

1. 杯中倒入百香果風味糖漿後，再滴入藍柑風味糖漿。

2. 加入冰塊。

3. 將汽水分數次倒入杯中，做出漸層效果。

4. 擺上香草冰淇淋，佐以橘子、櫻桃、迷迭香裝飾。

5. 撒點糖粉。

為了呈現出微妙的顏色變化，百香果風味糖漿裡只滴了非常微量的藍柑風味糖漿。黃色和極少量的藍色混合後，就會是鮮豔的藍綠色。

分數次將汽水倒入玻璃杯，做出上淺下深的漸層效果。店家認為不只有水果，就連吸管也是飲品非常重要的一環，因此無論哪種飲品都會選用亮眼的藍色吸管。

換上不同玻璃杯，風味懷念的飲品也能展現新風貌

草莓歐蕾

● 材料（1杯份）

牛奶 ······················· 140㎖

草莓糖漿 ····················· 32㎖

煉乳 ························· 9g

冷凍莓果 ······················ 20g

噴式鮮奶油 ····················· 適量

草莓凍乾 ······················ 適量

細葉香芹 ······················ 適量

● 作法

1. 用手持式調理棒將草莓糖漿、煉乳、牛奶攪打混合。

2. 將1倒入香檳杯，擺入冷凍莓果。

3. 擠入鮮奶油，撒點草莓凍乾。

4. 擺上細葉香芹裝飾。

杯口內收的寬肚酒杯較容易擺入冰淇淋或鮮奶油，視覺上也更協調。 思考使用的玻璃杯適合怎樣的飲品，便能從中展現獨創性。

三層配色之美閃閃動人

梨子沙瓦

●材料（1杯份）

梨子醋（※）…………………… 60㎖

氣泡水（無糖）…………………… 90㎖

方形冰塊 …………………………… 適量

冷凍莓果 …………………………… 20g

細葉香芹 …………………………… 適量

※梨子醋（容易製作的份量）

取250g左右的梨子，以500㎖蘋果醋和
200g甜菜糖浸漬5～7天。天數會隨氣溫
有些不同，基本上只要甜菜糖完全溶解即
可。

●作法

1. 將梨子醋倒入玻璃杯。

2. 倒入氣泡水。

3. 加入冰塊和冷凍莓果。

4. 擺上細葉香芹裝飾。

以醇厚且甜味溫和的蘋果醋和甜菜糖醃漬水
果，包含了梨子醋、李子醋，不同季節會使用
各種當季水果，梨子醋是應客人要求所醃漬。

Oiri喜糖讓充滿香料風味的印度奶茶更繽紛

自製印度奶茶

●材料（1杯份）

印度茶（※）……………………… 200㎖

方形冰塊 …………………………… 適量

牛奶 ………………………………… 100㎖

噴式鮮奶油 ………………………… 適量

Oiri喜糖* ………………………… 適量

※印度茶（1杯份）

5種香料（豆蔻2g、八角3g、肉桂2g、丁
香1g、黑胡椒0.1g）

水 …………………………………… 200㎖

薑泥 …………………………………… 6g

砂糖 ………………………………… 10g

阿薩姆紅茶茶葉 ……………………… 4g

①用果汁機將5種香料打碎，和水一起放入
　鍋中，以小火煮6分鐘。

②加入薑泥和砂糖，使砂糖溶解。

③放入茶葉，烹煮1分鐘煮出茶味。

＊譯註：日文為「Oiri喜糖」，係指日本香川縣西
部在婚宴時由新娘所發放的喜糖。

●作法

1. 將印度茶倒入寬口玻璃杯。

2. 放入滿到杯口的冰塊，接著倒入牛
　 奶。

3. 擠出山形的鮮奶油，黏上Oiri喜糖。

自行將5種香料以果汁機打碎，保留其中的顆粒
感，更能襯托出香料具備的香氣和風味。

裝飾上Oiri喜糖是為了將冰咖啡的造型呈現與
其他店家做出區隔化。 另外還有許多以Oiri喜
糖作裝飾的飲品。 輕輕地將喜糖黏上鮮奶油，
讓飲品充滿立體感。

耐心倒入飲料，製作出美麗的三色漸層

三色團子拿鐵

●材料（1杯份）

抹茶（※）………………………… 200㎖
牛奶 ……………………………… 100㎖
草莓奶昔 ………………………… 150㎖
方形冰塊 …………………………… 適量
噴式鮮奶油 ………………………… 適量
Oiri 喜糖 …………………………… 適量

※抹茶（1杯份）

取祇園辻利的抹茶20g、鹿兒島縣霧島產
一番茶（粉末）3g、二番茶（粉末）
1.5g，倒入200㎖熱水並充分攪拌，接著
加入5g蔗糖溶解。

●作法

1. 將抹茶倒入寬口玻璃杯中，放入滿到
   杯口的冰塊。

2. 貼著冰塊緩緩依序倒入牛奶、草莓奶
   昔，做出三色漸層效果。

3. 擠入鮮奶油，黏上 Oiri 喜糖。

逐量且小心倒入，維持漸層效果。可以在半途
補入冰塊，貼著冰塊倒入可以降低沖力，做出
漂亮的三色漸層。

Oiri喜糖讓手工蒙布朗變得更耀眼

蒙布朗拿鐵

●材料（1杯份）

糖漬栗子風味糖漿（Da Vinci）·········· 23g

牛奶 ·· 300㎖

方形冰塊 ·· 適量

噴式鮮奶油 ··· 適量

蒙布朗（※） ··· 適量

Oiri喜糖 ·· 適量

※ 蒙布朗
將鮮奶油、奶油、葛宏德天然海鹽加入百
分之百安納芋地瓜泥拌製而成。

●作法

1. 將糖漬栗子風味糖漿、牛奶倒入寬口
   玻璃杯中。

2. 放入滿到杯口的冰塊。

3. 擠入鮮奶油。

4. 接著擠入蒙布朗，蓋住鮮奶油，再黏
   上 Oiri 喜糖。

如果只有質地紮實沉甸的蒙布朗可能會直接沉
入杯底，所以一定要先放入滿到杯口的冰塊，
再擠入鮮奶油，打造好穩固的基底。

用抹茶做出可愛的兔子標誌

奶蓋四季春茶

●材料（1杯份）

冰冷四季春茶 ·· 300㎖

糖漿 ··· 酌量

自製奶蓋 ·· 75㎖

抹茶粉（抹茶與糖粉混製）

·· 少許

方形冰塊 ··· 酌量

●作法

1. 將冰塊、四季春茶、糖漿倒入雪克杯，加以搖晃。

2. 將 1 倒入杯子，撈掉泡沫與冰塊。

3. 加入自製奶蓋。

4. 擺上店家標誌的不鏽鋼粉篩，撒入抹茶粉。

四季春茶一定要搖晃過，這樣不僅能讓風味變柔和，也能更加襯托出如花般的甜蜜香氣。倒入杯子後，要仔細撈掉浮沫。

自製奶蓋是將澳洲產奶油乳酪、北海道產牛乳、鮮奶油及砂糖以攪拌機打成柔滑狀。奶油乳酪占了材料8成份量，因此口感非常濃厚。

人氣水果組合

草莓小蜜桃

●材料（1杯份）

檸檬糖漿 1大匙

糖漿 .... 10㎖

自製草莓醬 1大匙

冷凍草莓（切丁）..................... 2大匙

黃桃（切丁）.............................. 1/2杯

氣泡水（無糖）...................... 300㎖

草莓（切丁）.............................. 1大匙

方形冰塊 .... 酌量

●作法

1. 將檸檬糖漿、糖漿、自製草莓醬、冷凍草莓放入杯中攪拌。

2. 加入冰塊。

3. 將黃桃放入另一個杯子搗碎。

4. 倒入氣泡水，放入 2 與草莓。

自製草莓醬是取酌量的草莓、砂糖、草莓果醬
以手持式攪拌攪打製成。

滿載人氣滋味的粉紅色奶昔

sakuRabit

●材料（1杯份）

黑珍珠 ·······················1湯勺份
牛奶 ···························120㎖
莓果醬（※1）····················1大匙
櫻花醬（※2）····················1大匙
櫻花風味拿鐵咖啡粉（市售品）·······1大匙
起司霜淇淋（※3）·················酌量
心型裝飾糖粒 ·····················1小匙
方形冰塊 ·······················酌量

※1　莓果醬
用 Bamix 寶迷料理棒將莓果糖漿、綜合莓
果果醬攪打至滑順狀。

※2　櫻花醬
用 Bamix 寶迷料理棒將櫻花糖漿和1的莓果
醬攪打至滑順狀。

※3　起司霜淇淋
以「奶蓋四季春茶」所用的奶蓋和冰淇淋
製成。

●作法

1. 將黑珍珠放入杯中。

2. 將牛奶、莓果醬、櫻花醬、櫻花風味
   拿鐵咖啡粉、冰塊放入果汁機攪打，
   倒入 1。

3. 在飲品上方擠入起司霜淇淋，撒點裝
   飾糖粒。

店內使用日本製無糖珍珠，少量汆燙每次需要的
份量。汆燙 1 小時後以流水徹底沖洗，再加入三
溫糖調味，不僅口感佳，更帶有適中甜味。

海豚從香蕉果汁海躍出！

純生香蕉薄荷巧克力

●材料（1杯份）

A
- 香蕉（去皮、冷凍）…………120g
- 牛奶……………………………150㎖
- 蜂蜜……………………………5g
- 檸檬汁…………………………0.5㎖
- 薄荷糖漿………………………20㎖
- 新鮮薄荷………………………2小株
- 方形冰塊………………………2塊

巧克力豆…………………………15g
香蕉（帶皮）……………………2/3根
杏仁………………………………1顆
巧克力糖漿………………………適量

●作法

1. 將 A 放入果汁機攪打。

2. 加入巧克力豆打碎。

3. 製作裝飾用香蕉海豚。用刀子劃出嘴巴、胸鰭、插入玻璃杯的切痕，用麥克筆點出眼睛，再將杏仁塞入嘴巴。

4. 在玻璃杯壁繞 1～2 圈的巧克力糖漿。

5. 倒入 2，再將香蕉海豚插入玻璃杯。

劃出切痕後，再用手指將胸鰭向外翻，並將杏仁塞入嘴巴，呈現出立體感。

右手拿著巧克力糖漿，左手轉動玻璃杯，把醬汁垂滴入杯中。轉動時在某幾處稍作停留，就能讓醬汁的垂落方式更有變化。

漂浮著檸檬泡沫的雙層檸檬飲

「なんてこった」泡沫分子檸檬飲

●材料（1杯份）

檸檬汁 ………………………………… 30㎖
檸檬糖漿 ……………………………… 30㎖
水 ……………………………………… 240㎖
稀釋用通寧水 ………………………… 15㎖
氣泡水 ………………………………… 160㎖
檸檬皮 ………………………………… 適量

●作法

1. 將檸檬汁、檸檬糖漿、水倒入專用容器瓶，接著填入氣體，打出泡沫。

2. 將稀釋用通寧水、氣泡水倒入杯子，放入1，泡沫要呈隆起狀。

3. 最後撒點檸檬皮。

在白色泡沫撒點黃色檸檬皮能讓色調更鮮豔。將臉靠近杯子，還能聞到檸檬皮飄散出的清爽香氣。

060 ape Mamma Mia なんてこったバナナ研究所
SHOP DATA ▷ P097

濃郁的薑汁風味糖漿所呈現的漸層色調

自製薑汁汽水

●材料（1杯份）

薑汁風味糖漿（※）……………………… 30㎖
氣泡水 …………………………………… 200㎖
萊姆 ………………………………………… 1/8片

※薑汁風味糖漿（容易製作的份量）

黑糖 ………………………………………… 250g
生薑 ………………………………………… 250g
檸檬汁 ……………………………………… 1顆份
肉桂棒 ……………………………………… 2條
丁香 ………………………………………… 5個
水 …………………………………………… 250㎖
辣椒 ………………………………………… 3根

①將檸檬汁除外的材料放入鍋中加熱，沸騰後轉小火煮20分鐘。

②關火，加入檸檬汁，放涼後過濾。

●作法

1. 將薑汁風味糖漿倒入玻璃杯，緩緩加入氣泡水。

2. 擠入萊姆汁，放入萊姆使其浮在杯中。

味道關鍵在於帶有黑糖濃郁風味和大量香料的糖漿。製作時先倒入薑汁風味糖漿，再緩緩加入氣泡水，就能做出深淺色的漸層效果。

061 and.cafe

SHOPDATA P097

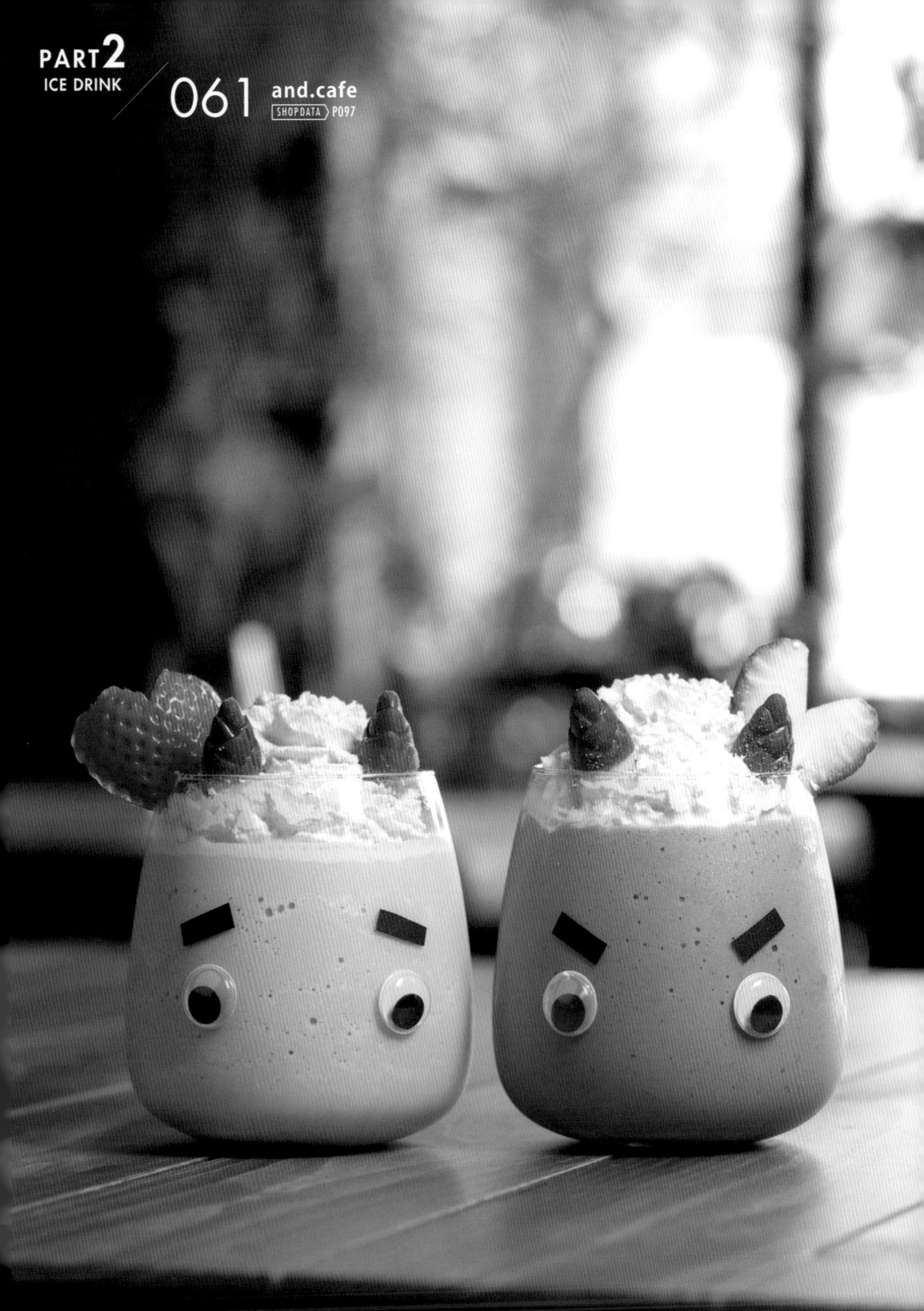

用「鬼退治」關鍵字在社群網站製造話題

粉鬼鬼・綠鬼鬼

●材料（1杯份）

粉鬼鬼

草莓（冷凍）⋯⋯⋯⋯⋯⋯⋯⋯⋯ 約130g

豆漿 ⋯⋯⋯⋯⋯⋯⋯⋯⋯⋯⋯⋯⋯ 約140g

煉乳 ⋯⋯⋯⋯⋯⋯⋯⋯⋯⋯⋯⋯⋯⋯⋯ 50g

綠鬼鬼

抹茶 ⋯⋯⋯⋯⋯⋯⋯⋯⋯⋯⋯⋯⋯⋯⋯ 30g

白巧克力糖漿（Da Vinci）

⋯⋯⋯⋯⋯⋯⋯ 按壓1下（約7.5㎖）

香草冰淇淋 ⋯⋯⋯⋯⋯⋯⋯⋯⋯⋯⋯ 2球

牛奶 ⋯⋯⋯⋯⋯⋯⋯⋯⋯⋯⋯⋯⋯⋯ 100g

方形冰塊 ⋯⋯⋯⋯⋯⋯⋯⋯⋯⋯⋯⋯ 6塊

裝飾材料

草莓分子泡沫（乳脂含量47%的鮮奶、草莓糖漿、牛奶）⋯⋯⋯⋯⋯⋯⋯⋯ 適量

草莓 ⋯⋯⋯⋯⋯⋯⋯⋯⋯⋯⋯⋯⋯ 1/2顆

竹筍造型巧克力餅乾 ⋯⋯⋯⋯⋯⋯⋯ 2個

●作法

1. 將所有材料放入果汁機攪打。

2. 倒入玻璃杯，加上草莓分子泡沫、心型草莓、竹筍造型巧克力餅乾裝飾。

在杯子貼上眼睛貼紙和黑膠帶。眼睛位置低一點會更可愛，眉毛原則上會尾端上翹，看起來比較像鬼。如果客人點了多杯，也會黏成八字眉做點變化。

雖然是同系列的飲品，但考量味道協調性，選擇以豆漿搭配草莓、牛奶搭配抹茶。為了避免過段時間飲品上下分離，兩者皆調整減少成現在的份量。

大膽擺上整顆橘子的視覺震撼

凸柑蘇打

● 材料（1杯份）

橘子風味糖漿（CAPTAIN）⋯⋯⋯⋯⋯⋯ 50g

強碳酸氣泡水（無糖）⋯⋯⋯⋯⋯⋯⋯⋯ 150g

方形冰塊 ⋯⋯⋯⋯⋯⋯⋯⋯⋯⋯⋯⋯⋯⋯ 6塊

凸柑 ⋯⋯⋯⋯⋯⋯⋯⋯⋯⋯⋯⋯⋯⋯⋯⋯ 1顆

橘子蒂頭 ⋯⋯⋯⋯⋯⋯⋯⋯⋯⋯⋯⋯⋯ 1顆份

草莓 ⋯⋯⋯⋯⋯⋯⋯⋯⋯⋯⋯⋯⋯⋯⋯ 1/4顆

● 作法

1. 將橘子風味糖漿倒入玻璃杯，再快速倒入等量的氣泡水混合。

2. 加入冰塊，倒入剩下的氣泡水。

3. 凸柑剝皮，撕掉白色纖維，將上下切平，並在上方劃入切痕。

4. 用心型壓模將橘子蒂頭壓出形狀，連同切成心型的草莓插入凸柑。

用餅乾模將蒂頭處的橘子皮壓出形狀作裝飾。基本上會使用同一種柑橘的蒂頭，但因為凸柑皮不好壓模，才改用橘子。 壓模時要刻意錯位，別讓蒂頭置中。

「追加糖漿」的點子很受歡迎

綠蘇打

●材料（1杯份）

哈密瓜風味糖漿 ………………………… 40g

強碳酸氣泡水（無糖） ……………… 130g

方形冰塊 ………………………………… 8塊

香草冰淇淋 ……………………………… 1球

薑餅人造型餅乾 ………………………… 1塊

追加用哈密瓜風味糖漿 ………………… 6g

●作法

1. 將哈密瓜風味糖漿倒入玻璃杯，再快速倒入等量的氣泡水混合。

2. 加入冰塊，倒入剩下的氣泡水。插入吸管和湯匙。

3. 擺上香草冰淇淋，再插入裝有追加用哈密瓜風味糖漿的小魚造型醬油瓶和餅乾。

顏色繽紛的蘇打共7種口味（草莓、葡萄、橘子、鳳梨、哈密瓜、藍柑、熱帶沙灘）。更把原本的巧克力豆升級成餅乾。橘子蘇打的「小魚造型醬油瓶」看起來就像隻鮭魚，再和熊造型的餅乾搭配，極具獨創性。

大手筆使用契作農園直送的草莓

草莓脆冰沙

●材料（1杯份）

冷凍草莓 ···································· 約10顆
牛奶 ······································· 150㎖
草莓醬 ····································· 適量
鮮奶油 ····································· 50g
草莓 ······································· 約8顆
糖粉 ······································· 適量

●作法

1. 將冷凍草莓和牛奶放入果汁機攪打。

2. 在杯壁塗淋草莓醬作裝飾。

3. 將 1 倒入杯中。

4. 擺上鮮奶油。

5. 擺上去掉蒂頭的草莓，撒點糖粉。

嚴選每天從下關觀光果園「さんいんファーム」直送的新鮮草莓。 牛奶同樣使用山口縣當地生產的生乳「やまぐちきらら牛乳」，致力結合在地食材。

以冷凍草莓打汁，感覺較像冰沙。 因為草莓較小顆，用了10顆左右，所以能充分感受到其中的甜味與酸味。

小野茶拿鐵和牛奶霜淇淋的絕佳組合

漂浮小野茶

●材料（1杯份）

小野茶拿鐵（加糖）·························· 150㎖

霜淇淋 ··· 適量

綠茶粉（小野茶）···························· 適量

方形冰塊 ·· 適量

●作法

1. 在杯中放入滿滿的冰塊，以免霜淇淋下沉。

2. 先用牛奶調製好小野茶拿鐵，接著倒入杯中。

3. 擠上霜淇淋。

4. 撒點綠茶粉。

栽培於山口縣宇部市的「小野茶」香氣重、苦味紮實。KANMON BAKE 的老闆萩原也有經營設計公司，曾負責小野茶的產品包裝和網站設計，因為這層緣分，於是決定選用小野茶。

066 KANMON BAKE

SHOP DATA P097

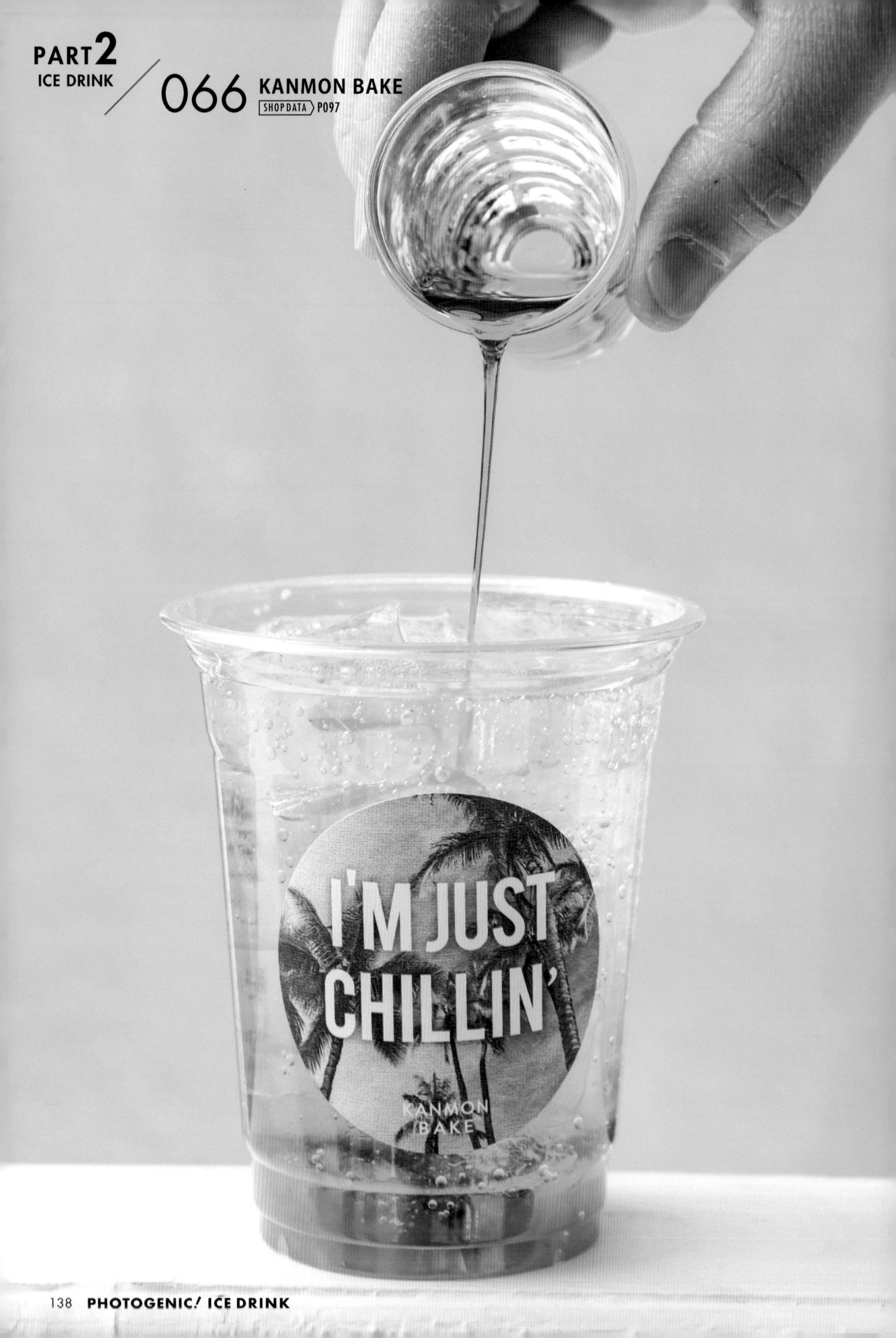

靈感來自當地美麗之海的飲品

角島之端

● 材料（1杯份）

蘋果丁果醬 ································ 30g

方形冰塊 ································· 酌量

自製檸檬糖漿 ·························· 20㎖

氣泡水（無糖） ······················ 120㎖

藍柑風味糖漿 ·························· 10㎖

●作法

1. 將蘋果丁果醬、冰塊、檸檬糖漿加入杯中。

2. 倒入氣泡水。

3. 緩緩倒入藍柑風味糖漿。

風味關鍵在於自製檸檬糖漿。 店家非常重視入口時的爽快感，因此致力調整砂糖用量與熬煮時間，徹底展現檸檬的香氣與酸味。

讓 area coffee 一舉成為知名「凍飲店」的關鍵飲品

凍莓牛奶

●材料（1杯份）

冷凍草莓 ································ 150g

牛奶 ································ 120㎖

煉乳 ································ 30g

●作法

1. 將冷凍草莓放入杯中。

2. 倒入牛奶。

3. 澆淋煉乳。

使用了8成的福岡縣產甘王（あまおう）草莓以及2成的智利產草莓。智利的草莓酸味強烈，不僅能用來調整風味協調性，也可以攤提掉原物料成本。

客人能夠自己搗碎冷凍草莓品嘗滋味。搗碎後的口感硬脆，很像在喝冰沙。

充滿九州產柑橘的清新風味

凍柑蘇打

●材料（1杯份）

冷凍柑橘 ·· 150g
蘇打汽水 ·· 120㎖
蜂蜜 ·· 適量

●作法

1. 將冷凍柑橘放入杯中。

2. 倒入蘇打汽水。

3. 澆淋蜂蜜。

嚴選完全無添加物的純天然蜂蜜。 如果只有蘇
打汽水的甜， 味道會太鮮明， 於是再加入蜂
蜜，讓風味變得更醇厚。 澆淋一圈蜂蜜即可，
避免太甜。

像在品嘗甜點的最新飲品

凍巧克力香蕉

●材料（1杯份）

巧克力糖漿 ………………………………… 30g

冷凍香蕉 …………………………………… 150g

牛奶 …………………………………………… 120㎖

噴式鮮奶油 ………………………………… 適量

巧克力米 …………………………………… 適量

餅乾 ……………………………………………… 1片

●作法

1. 在杯壁塗淋巧克力糖漿作裝飾。

2. 將冷凍香蕉放入杯中，倒入牛奶。

3. 擠上鮮奶油，撒點巧克力米，再擺放餅乾。

只要裝飾上手工糕點用的繽紛巧克力米、市售動物造型餅乾這類方便取得的素材，就能製作出可愛滿點的飲品。

以苦味較淡的抹茶作為風味主軸的藝術拿鐵

抹茶拿鐵 Ice

●材料（1杯份）

豆漿 ………………………………………… 250㎖

糖漿 ………………………………………… 20㎖

抹茶粉 ………………………………………… 7g

熱水 ………………………………………… 30㎖

礦形冰塊 ………………………………………… 適量

焦糖醬 ………………………………………… 適量

黑糖蜜 ………………………………………… 適量

抹茶醬 ………………………………………… 適量

紅胡椒粒 ………………………………………… 適量

罌粟籽＊ ………………………………………… 適量

當季花朵 ………………………………………… 酌量

＊譯註：罌粟籽在歐洲屬一般調味料，但在台灣屬毒品危害防制條例列管的第2級毒品。

●作法

1. 把糖漿加入冰涼豆漿並打發。

2. 抹茶粉放入杯中，加入熱水使其溶化。

3. 放入冰塊，攪拌均勻。

4. 先將 1 豆漿液體的部分倒入杯中。

5. 在杯壁上半部塗淋黑糖蜜。

6. 將 1 豆漿的奶泡填滿整個杯子，用焦糖醬、黑蜜醬、抹茶醬畫出模樣。

7. 撒上紅胡椒粒、罌粟籽。

8. 再以當季花朵作裝飾。

Siphon Tatsuya 是用自己特別加工過的法式濾壓壺打發豆漿。店長東原先生表示，雖然也可以用咖啡機的蒸氣打發，但「蒸氣水分會稀釋掉豆漿」。

在豆漿奶泡上用焦糖醬、黑蜜醬、抹茶醬畫圓。「雖然繪製過程要很專注，也相當耗時，但許多客人都非常喜歡點這道很有視覺效果的飲品」。

帶有清爽酸味的繽紛果茶

錦葵果茶

●材料（1杯份）

A
- 青蘋果風味糖漿 ······················ 30㎖
- 檸檬果汁 ···························· 適量
- 氣泡水（無糖） ······················ 50㎖

B
- 蔓越莓風味糖漿 ······················ 10㎖
- 越橘風味糖漿 ························ 10㎖
- 氣泡水（無糖） ······················ 60㎖

C
- 藍錦葵糖漿 ·························· 10㎖
- 氣泡水（無糖） ······················ 70㎖

礦形冰塊 ······························ 適量

紅玫瑰花瓣 ···························· 適量

紅胡椒粒 ······························ 適量

當季花朵 ······························ 酌量

●作法

1. 將冰塊放入杯中。

2. 倒入 A（將青蘋果風味糖漿和檸檬汁加氣泡水稀釋製成）。

3. 接著倒入 B（將蔓越莓風味糖漿、越橘風味糖漿加氣泡水稀釋製成）。

4. 再倒入 C（將藍錦葵糖漿加氣泡水製成）。

5. 最後放上紅玫瑰花瓣、紅胡椒粒和當季花朵作裝飾。

先將各個口味的糖漿與氣泡水稀釋備用，再倒入放有冰塊的杯子，調製步驟會比較單純。只要調配比重正確，緩緩倒入杯中就能做出三漸層效果。

用香料和裝飾展現獨創性。

Gentle Chai

●材料（1杯份）

綜合香料粉 …………………………………… 2g

紅茶粉 …………………………………………… 2g

精製白糖 …………………………………… 15g

熱水 …………………………………………… 約60㎖

礦形冰塊 …………………………………… 適量

豆漿 ………………………………………… 200㎖強

焦糖醬 …………………………………………… 適量

五香粉 …………………………………………… 適量

紅胡椒粒 …………………………………… 適量

烘焙用糖珠 ………………………………… 適量

罌粟籽＊ …………………………………… 適量

當季花朵 …………………………………… 酌量

＊譯註：罌粟籽在歐洲屬一般調味料，但在台灣
屬毒品危害防制條例列管的第2級毒品。

●作法

1. 將綜合香料粉、紅茶粉、白糖加入杯中。

2. 倒入熱水，充分攪拌至沒有結塊。

3. 放入冰塊。

4. 打發冰冷豆漿，先將液體的部分倒入杯中。

5. 再將豆漿的奶泡填滿整個杯子，用焦糖醬畫出模樣。

6. 撒上五香粉、紅胡椒粒、烘焙用糖珠和罌粟籽。

7. 再以當季花朵作裝飾。

除了丁香、豆蔻、肉桂外，還添加了黑胡椒、
薑等辣味香料，製成店家獨創的印度香料奶
茶。只需將調製好的粉末放入杯中加熱水使其
溶解。

073 CAFE HYBRID

SHOP DATA P097

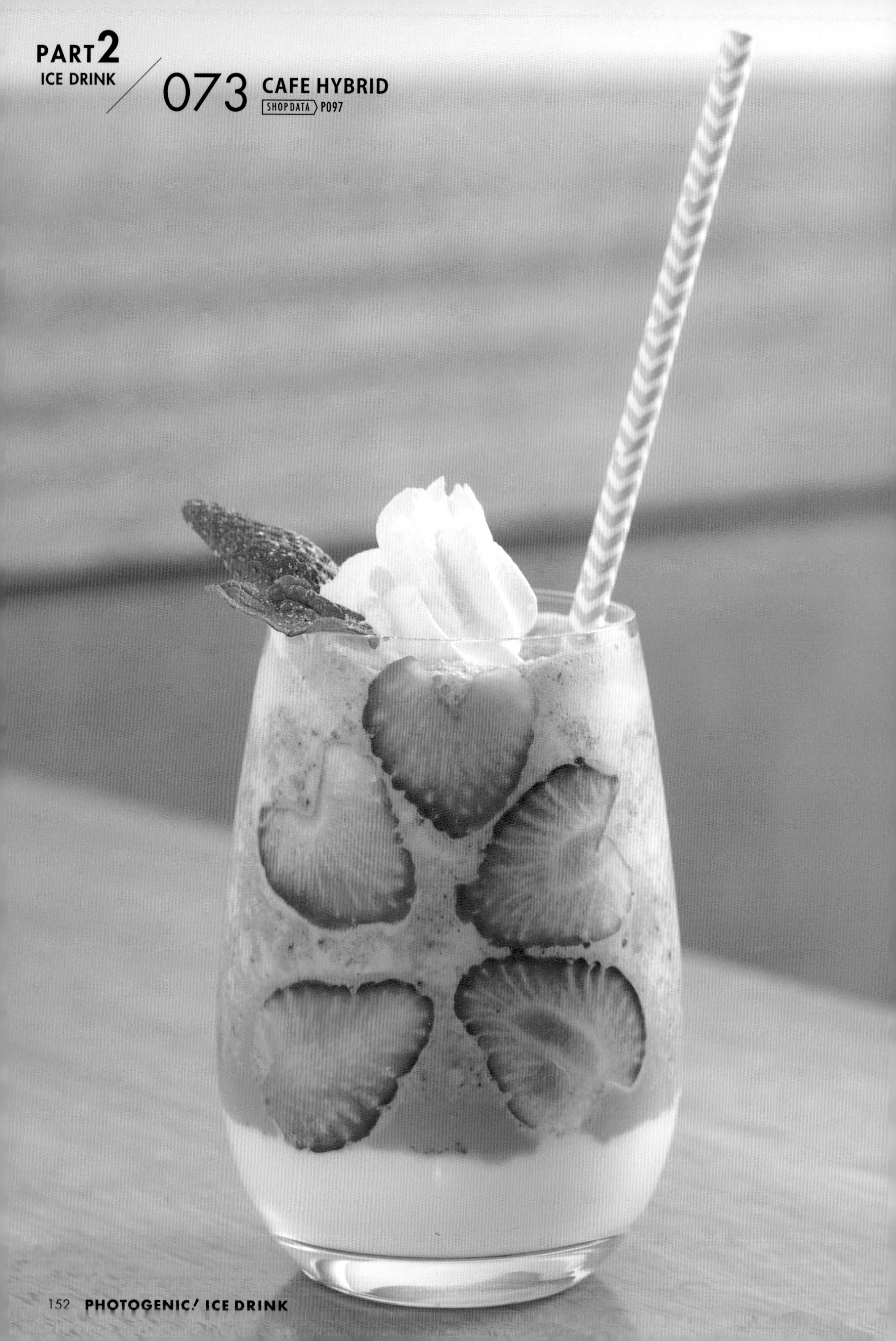

用草莓切面作造型的人氣No.1飲品！

Mix莓果

●材料（1杯份）

原味優格	80～100g
草莓切片	6片
冷凍綜合莓果	40～50g
牛奶	120㎖
草莓糖漿	15㎖
冰塊（大）	4塊
噴式鮮奶油	適量
薄荷	適量

●作法

1. 將優格加入玻璃杯，在杯壁內側黏上 5 片草莓切片。

2. 用果汁機將冷凍綜合莓果、牛奶、草莓糖漿、冰塊打成奶昔狀。

3. 緩緩將 2 的奶昔倒入 1 的玻璃杯。最後再擠上鮮奶油、擺放草莓切片和薄荷作裝飾。

草莓要切薄片，才能貼合在玻璃杯壁，切太厚會黏不住。

能享受到清爽酸味，再適合夏天不過的飲品！

鳳梨芒果

●材料（1杯份）

原味優格 ……………………………… 80～100g

奇異果切片 …………………………… 3片

冷凍芒果 ……………………………… 40～50g

鳳梨汁 ………………………………… 120㎖

芒果風味糖漿 ………………………… 15㎖

冰塊（大） …………………………… 4個

噴式鮮奶油 …………………………… 適量

薄荷 …………………………………… 適量

●作法

1. 將優格加入玻璃杯，在杯壁內側黏上 2 片奇異果切片。

2. 用果汁機將冷凍芒果、鳳梨汁、芒果 風味糖漿、冰塊打成奶昔狀。

3. 緩緩將 2 的奶昔倒入 1 的玻璃杯。最 後再擠上鮮奶油、擺放 1 片奇異果切 片和薄荷作裝飾。

務必緩慢且逐量倒入奶昔，倒的速度太快會和 最下面的優格混在一起。

075 CAFE HYBRID

SHOP DATA P097

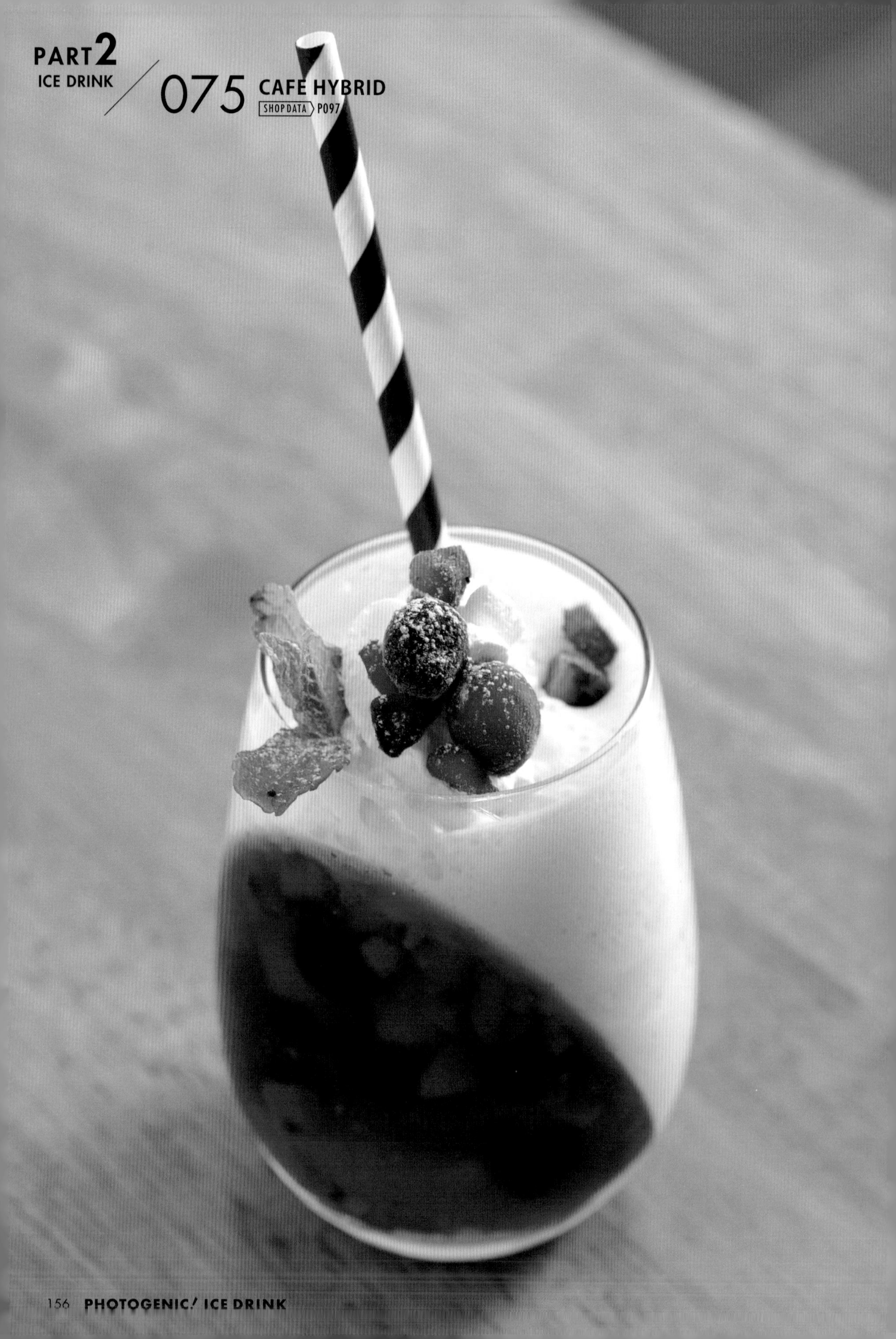

在果凍裡加入大量莓果的傾斜設計！

蜜桃莓果

●材料（1杯份）

冷凍香蕉 …………………………………… 1/2根
牛奶 …………………………………………… 90㎖
蜜桃風味糖漿 …………………………… 10㎖
藍色糖漿 ………………………………… 5～10㎖
冰塊（大） ………………………………… 4塊

A
├─ 水 ………………………………………… 70㎖
│ 草莓糖漿 ……………………………… 10㎖
│ 冷凍綜合莓果 ……………………… 25～30g
└─ 吉利丁 …………………………………… 2g

冷凍綜合莓果 …………………………… 適量
噴式鮮奶油 ……………………………… 適量
薄荷 ………………………………………… 適量

●作法

1. 將 A 倒入玻璃杯，杯子斜放置入冰箱冷藏，使果凍變硬。

2. 用果汁機將冷凍香蕉、牛奶、蜜桃風味糖漿、藍色糖漿、冰塊打碎。

3. 將 2 的奶昔倒入 1。最後再擠上鮮奶油、擺放冷凍綜合莓果和薄荷作裝飾。

果凍斜放凝固時，可將玻璃杯放在小盤子上，讓杯子能維持傾斜狀態冰鎮凝固。 覆蓋保鮮膜後，就能置於冰箱冷藏備用。

076 CAFE HYBRID

SHOP DATA P097

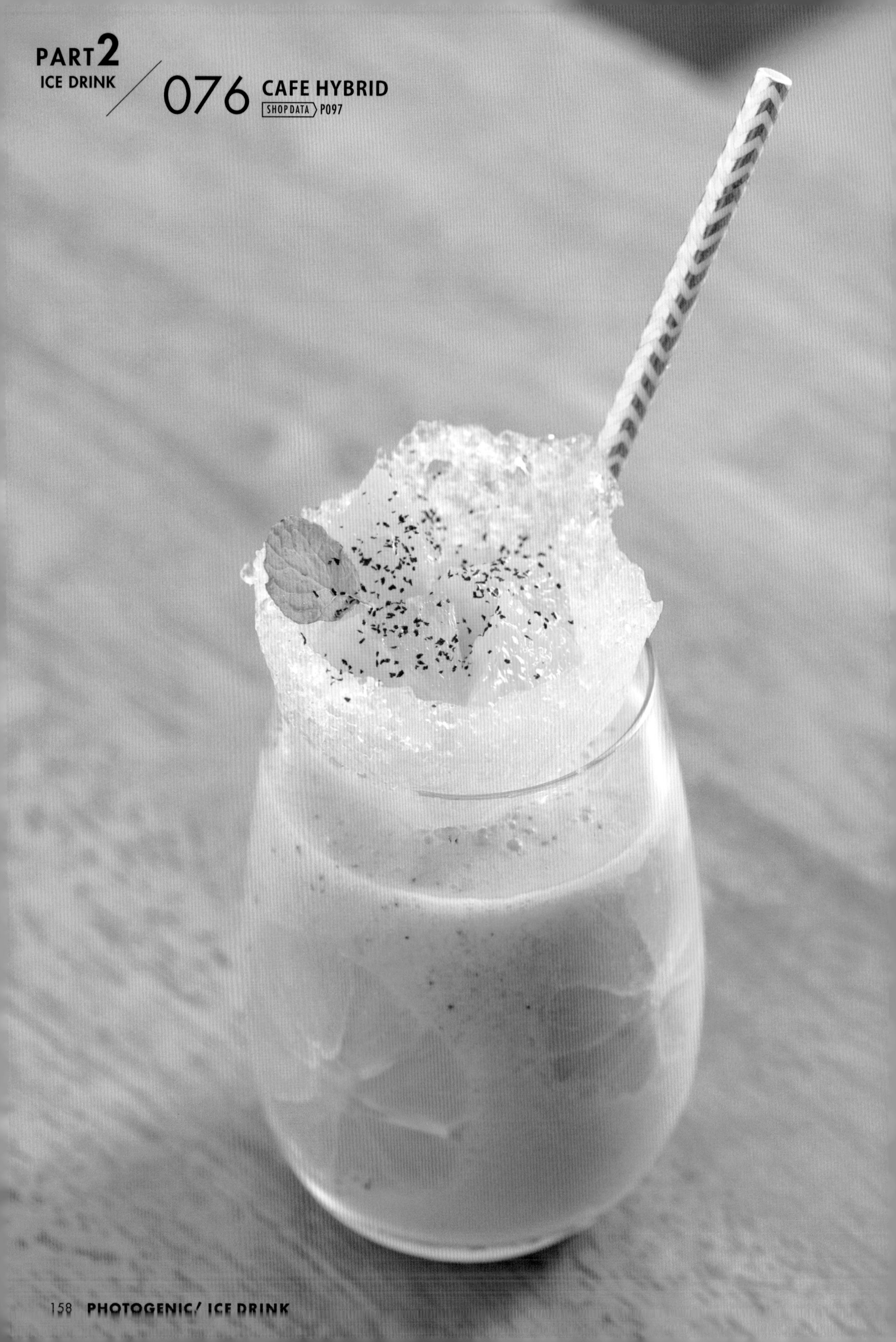

如雞尾酒般，搭配冰製容器的奶昔飲品！

柳橙TEA

●材料（1杯份）

柳橙切片 ………………………………… 3片
冷凍芒果 ………………………………… 80g
柳橙汁 …………………………………… 50㎖
檸檬茶風味糖漿 ………………………… 20㎖
冰塊（大） ……………………………… 4個
錫蘭紅茶茶葉 …………………………… 1/2茶包
A ┌ 將剉好的碎冰放入柳丁榨汁器塑形。
　└ 可將榨汁器整個放入冷凍 存放備用。
錫蘭紅茶茶葉（裝飾用） ……………… 適量
薄荷 ……………………………………… 適量

●作法

1. 在玻璃杯壁內側黏上 2 片柳橙切片。

2. 用果汁機將冷凍芒果、柳橙汁、檸檬茶風味糖漿、冰塊、錫蘭紅茶茶葉打碎。

3. 將 2 的奶昔倒入 1。接著擺放 A，再將 1 片柳橙切丁放入。

4. 最後撒入茶葉，佐上薄荷作裝飾。

在柳丁榨汁器放入剉冰，像是擠柳丁一樣用力握壓，剉冰會立刻成型，比起用水凝固製作還要快速。

077 SODA BAR

SHOP DATA P097

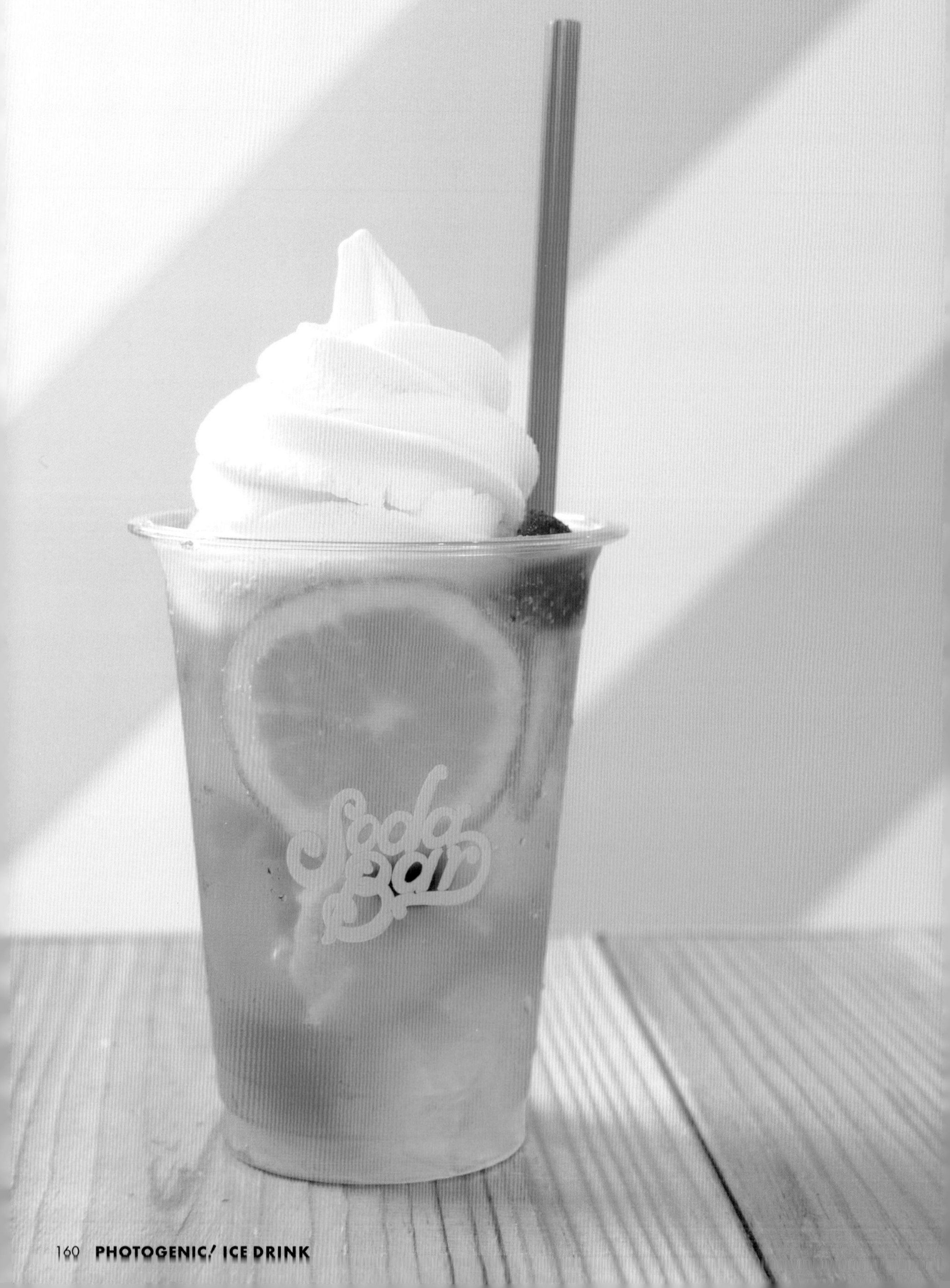

有了果凍和霜淇淋，感覺就像在品嚐甜點

季節水果
潘趣汽水佐霜淇淋

●材料（1杯份）

草莓 ·················· 1顆（切4等份）

藍莓 ····························· 4顆

柳橙切片 ·························· 2片

茶凍（2種類） ············· 每種35g

水果風味糖漿（※） ············ 30㎖

冰塊 ························· 5～6塊

氣泡水 ························ 200㎖

霜淇淋 ························· 適量

※ 水果風味糖漿

當季柑橘 ······················ 適量

砂糖 ·························· 適量

①將當季的柑橘切片（採訪時使用了甘夏
　橘、清美橙、檸檬）和等量的砂糖交互
　疊放入瓶中。

②每天攪拌一次，放置2～3天即可完成。
　取出醃漬入味的柑橘切片，可作為裝飾
　用。

●作法

1. 將草莓、藍莓、2種茶凍放入杯中。

2. 加入水果風味糖漿、冰塊，接著倒入
　氣泡水。

3. 放在霜淇淋機下方，擠入霜淇淋作裝
　飾。

冰塊用量會比其他
飲品多1～2個，以
免最後擠入的霜淇
淋下沉。

可可 × 碳酸的跳tone搭配竟如此契合

可可蘇打

● **材料（1杯份）**

牛奶 ……………………………………… 30㎖

糖漿 ……………………………………… 20㎖

冰塊 …………………………………… 4～5塊

可可蘇打（※） ………………………… 250㎖

※ **可可蘇打**

可可粉 …………………………………… 適量

純巧克力糖漿 …………………………… 適量

氣泡水 …………………………………… 適量

①取適量的可可粉、純巧克力糖漿、氣泡
　水混合均勻。

● **作法**

1. 將牛奶和糖漿倒入杯中混合均勻。

2. 加入冰塊，貼著冰塊緩緩倒入可可蘇
　打，讓蘇打高度接近杯緣，做出雙漸
　層效果。

貼著冰塊倒入可可蘇
打就能做出雙層漸
層。氣泡消失後液面
高度會下降，所以蘇
打的量要滿到接近杯
緣處。

口感清爽，能夠品嘗到無農藥、少農藥的日本國產柑橘風味

季節水果蘇打

●材料（1杯份）

水果風味糖漿（※）⋯⋯⋯⋯⋯⋯ 35㎖

冰塊 ⋯⋯⋯⋯⋯⋯⋯⋯⋯⋯⋯⋯⋯ 4～5塊

氣泡水 ⋯⋯⋯⋯⋯⋯⋯⋯⋯⋯⋯⋯ 230㎖

糖漬水果（共3種）⋯⋯⋯⋯⋯⋯ 各1塊

※水果風味糖漿的作法請參照「季節水果
　潘趣汽水佐霜淇淋」。

●作法

1. 將水果風味糖漿、冰塊、氣泡水倒入
　杯中，稍作攪拌。

2. 擺入各1塊的糖漬水果（共3種）作
　裝飾

製作水果風味糖漿時，要取出水果切片，以免
水果繼續發酵，切片可用來裝飾飲品。

080 SODA BAR

SHOP DATA P097

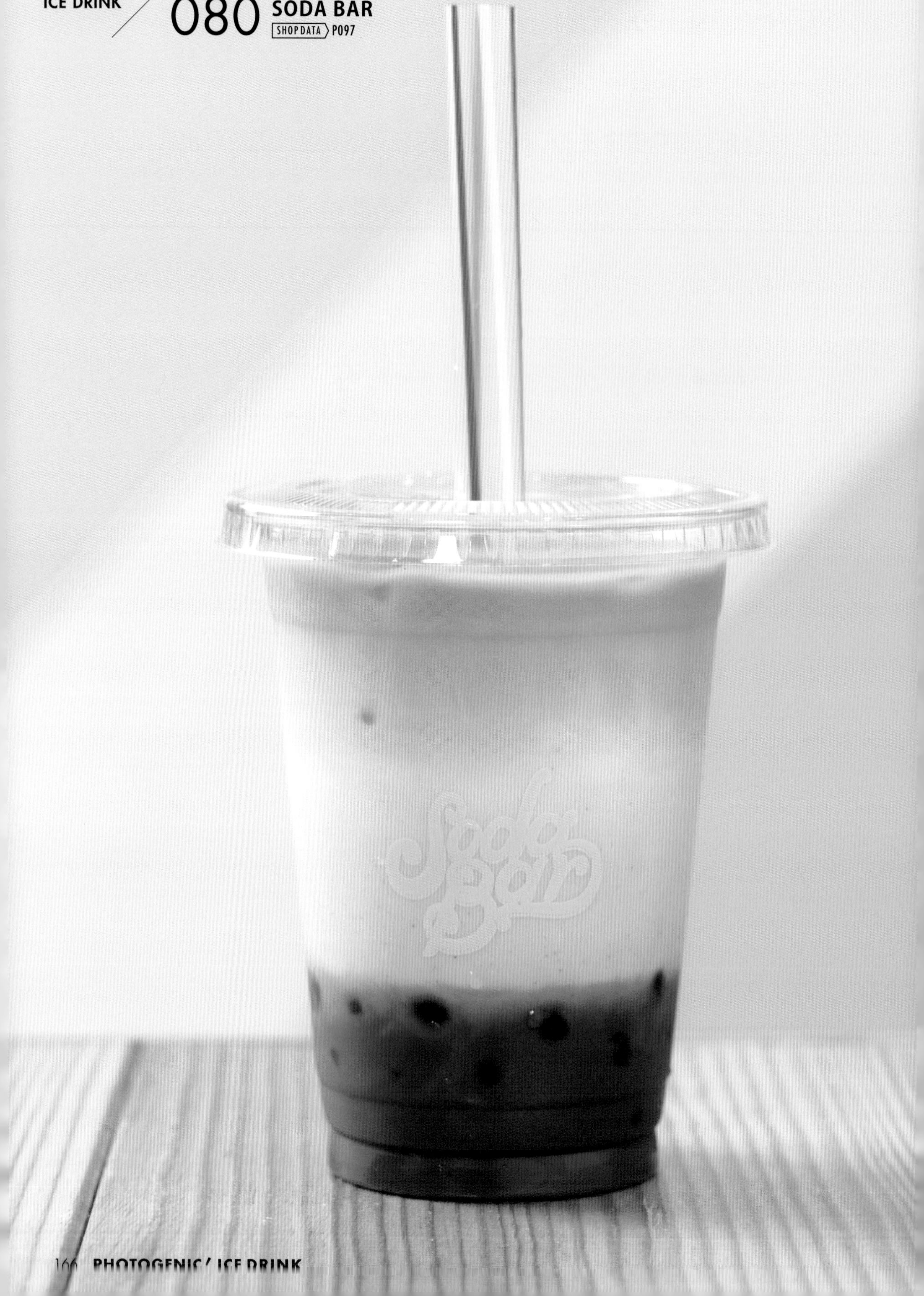

還有使用『一保堂茶舖』茶葉製成的珍珠飲品

抹茶 & 濃縮咖啡

●材料（1杯份）

濃縮咖啡（※）……………………… 30㎖

黑糖珍珠 ……………………………… 50g

冰塊 ………………………………… 4～5塊

抹茶糖漿 …………………………… 45㎖

牛奶 ………………………………… 170㎖

※以熱水沖泡濃縮咖啡粉。

●作法

1. 將黑糖珍珠、冰塊加入杯中，倒入抹
   茶糖漿。

2. 貼著冰塊緩緩倒入牛奶，做出抹茶與
   牛奶的雙色漸層。

3. 倒入濃縮咖啡。

使用『一保堂茶舖』出品的抹茶糖漿。以3種
抹茶混製而成，風味極具深度。

以春天為靈感的草莓色限定飲品

草莓花拿鐵

●材料（1杯份）

草莓醬	60g
牛奶	150㎖
噴式鮮奶油	適量
草莓果凍	適量
餅乾	1片
食用花	適量
冰塊	適量

●作法

1. 杯子塞滿冰塊，沿著杯壁倒入草莓醬。

2. 將牛奶倒入杯中。

3. 擠入鮮奶油，依序擺放草莓果凍、餅乾、食用花作裝飾。

沿著杯壁倒入草莓醬，接著迅速倒入牛奶，就能做出漂亮的漸層效果。

以充滿新綠滋味的抹茶搭配巧克力的厚抹茶拿鐵

新綠綠茶拿鐵

●材料（1杯份）

A
- 抹茶粉 ························· 4g
- 白巧克力糖漿 ················ 20g
- 白巧克力醬 ·················· 40g

噴式鮮奶油 ······················ 適量
餅乾 ···························· 1片
食用花 ·························· 適量
冰塊 ···························· 適量
牛乳 ···························· 適量

●作法

1. 混合 A 材料製作抹茶醬。

2. 杯子塞滿冰塊，沿著杯壁倒入 1 的抹茶醬。

3. 將牛奶倒入杯中。

4. 擠入鮮奶油，依序灑點抹茶粉（份量外）、擺上餅乾和食用花作裝飾。

用白巧克力為抹茶醬增添濃郁的甜味。 只有白巧克力醬的話會太膩，所以也要加點白巧克力糖漿，讓味道更協調。

靈感來自荷蘭的茶味冰沙

鹿特丹

●材料（1杯份）

A ┌ 綜合莓果醬 ·············· 50g
  │ 綜合莓果 ················ 50g
  │ 冰紅茶 ·················· 80㎖
  └ 冰塊 ···················· 300g
義式奶凍 ····················· 1大匙
蘭花 ························· 1朵
食用花瓣 ·················· 3～4片

●作法

1. 用果汁機攪打 A。

2. 將 1 倒入杯中，擺上義式奶凍。

3. 最後以蘭花、食用花瓣作裝飾。

使用 540 ㎖ 的大容量杯。為了追求風味上的變化與口感亮點，特別添加義式奶凍，讓客人喝到最後也不會覺得膩。

靈感來自日出雞尾酒的無酒精飲品

墨西哥城

●材料（1杯份）

A
- 芒果醬 ································· 30g
- 百香果醬 ···························· 30g
- 柳橙汁 ····························· 80㎖

紅石榴糖漿 ···························· 40g
芒果 ································· 3片
萊姆切片 ······························ 1片

●作法

1. 混合 A。

2. 將紅石榴糖漿倒入杯中，接著倒入 1。

3. 以芒果、萊姆作裝飾。

快速把果汁從糖漿上方倒入，就能做出如墨西哥雞尾酒「日出」般的美麗漸層。

HAVE A NICE D

CAFE FLOW / CREAM SODA

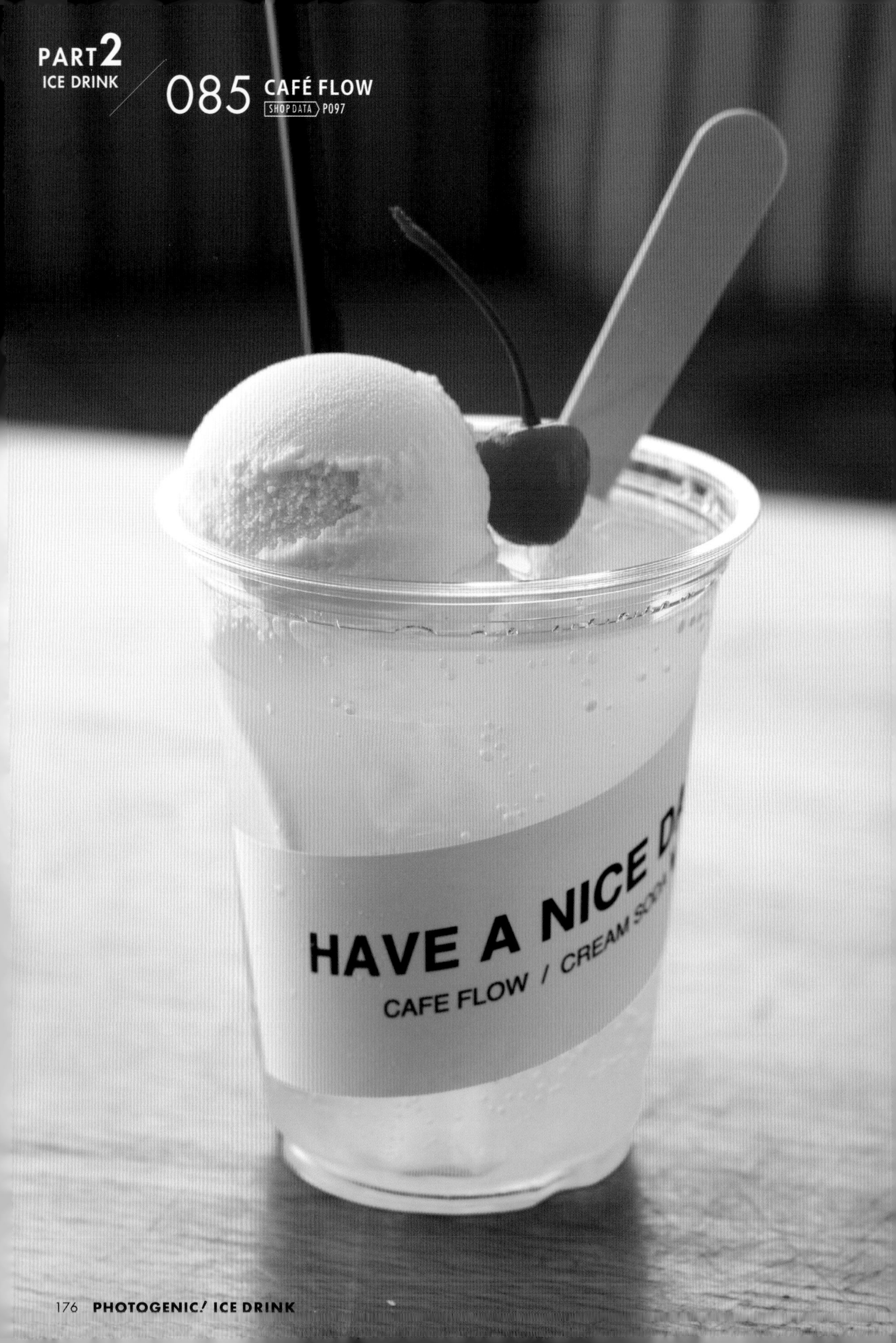

淡化人工味的清爽冰淇淋蘇打

哈密瓜冰淇淋蘇打

●材料（1杯份）

檸檬糖漿（※）	40㎖
糖漬檸檬片	1片
哈密瓜風味糖漿	10㎖
強碳酸氣泡水	140㎖
香草冰淇淋	30g
櫻桃（罐頭）	1顆
冰塊	酌量

※檸檬糖漿（備用量）

檸檬	15顆
冰塊砂糖	1300g

①檸檬切成5mm厚的圓片。

②將①放入玻璃瓶，從上方鋪蓋冰糖。

③待冰糖完全溶解，滲出的湯汁能夠淹過
　檸檬片（約10天）。

●作法

1. 將檸檬糖漿、檸檬片放入杯中，加入
　　滿至杯口的冰塊。

2. 依序倒入哈密瓜風味糖漿、強碳酸氣
　　泡水。

3. 用挖勺取香草冰淇淋，擺在飲品上，
　　再放入裝飾用的櫻桃。

自製檸檬糖漿。以
大容量的寬口瓶製
作較多的份量，醃
漬10天後，就是酸
味較淡且帶點微甜
的糖漿。

発揮果物滋味，餘味相當爽口的奶昔

藍莓優格奶昔

●材料（1杯份）

A
冷凍藍莓	30g
優酪乳	100㎖
鮮奶油（乳脂含量35%）	30㎖
冰塊	8塊
糖球	1個（16g）

香草冰淇淋 …………………………… 30g

藍莓醬 ……………………………… 適量

新鮮藍莓 …………………………… 適量

薄荷 ………………………………… 適量

●作法

1. 將 A 放入果汁機攪打 30 秒至滑順狀。

2. 將 1 倒入杯中，用挖勺取香草冰淇淋擺上。

3. 以藍莓、藍莓醬、薄荷作裝飾。

奶昔雖然是使用冷凍藍莓，但裝飾是用新鮮藍莓，藉此展現出藍莓的多汁。

特別凸顯巧克力的顆粒感，製作出當今流行的薄荷巧克力

薄荷巧克力雪克

●材料（1杯份）

A ┌ 薄荷糖漿 ························· 20㎖
  │ 牛奶 ···························· 100㎖
  │ 鮮奶油（乳脂含量35%） ·········· 30㎖
  └ 冰塊 ···························· 7塊

香草冰淇淋
   ········· 雪克飲品用60g、裝飾用30g

巧克力豆 ·························· 10g

巧克力醬 ·························· 適量

薄荷 ····························· 適量

●作法

1. 將 A 放入果汁機攪打 30 秒至滑順狀。

2. 繼續加入雪克飲品用的香草冰淇淋，再攪打 15 秒左右。

3. 接著放入巧克力豆，再攪打 2～3 秒。

4. 倒入杯子，擺上裝飾用的香草冰淇淋、巧克力醬、薄荷。

先做好雪克冰沙的基底，再放入巧克力豆攪打幾下，就能保留粗細不一的顆粒感，品嘗起來會更有趣。

HAVE A NICE DAY

CAFE FLOW / CREAM SODA

適合各年齡層的無糖奶茶

漂浮奶茶

●材料（1杯份）

皇家奶茶（※）··························· 140㎖

冰塊 ······································· 酌量

香草冰淇淋 ····························· 30g

※皇家奶茶（備用量）

紅茶茶葉 ································· 40g

水 ··· 400㎖

牛奶 ····································· 2000㎖

①將紅茶茶葉與水放入鍋中煮沸4～5分鐘。

②煮到水分稍微蒸發後，加入牛奶，煮至沸騰。

●作法

1. 將杯子填滿冰塊，倒入皇家奶茶。

2. 放入1球香草冰淇淋。

這裡是以少量的水徹底煮出茶葉風味後再加入牛奶，因此不會淡化掉紅茶的香氣與味道。 要先放入冷藏冰鎮，以免冰塊融化使味道變淡。

089 neu.cafe 箕面船場本店

SHOP DATA P097

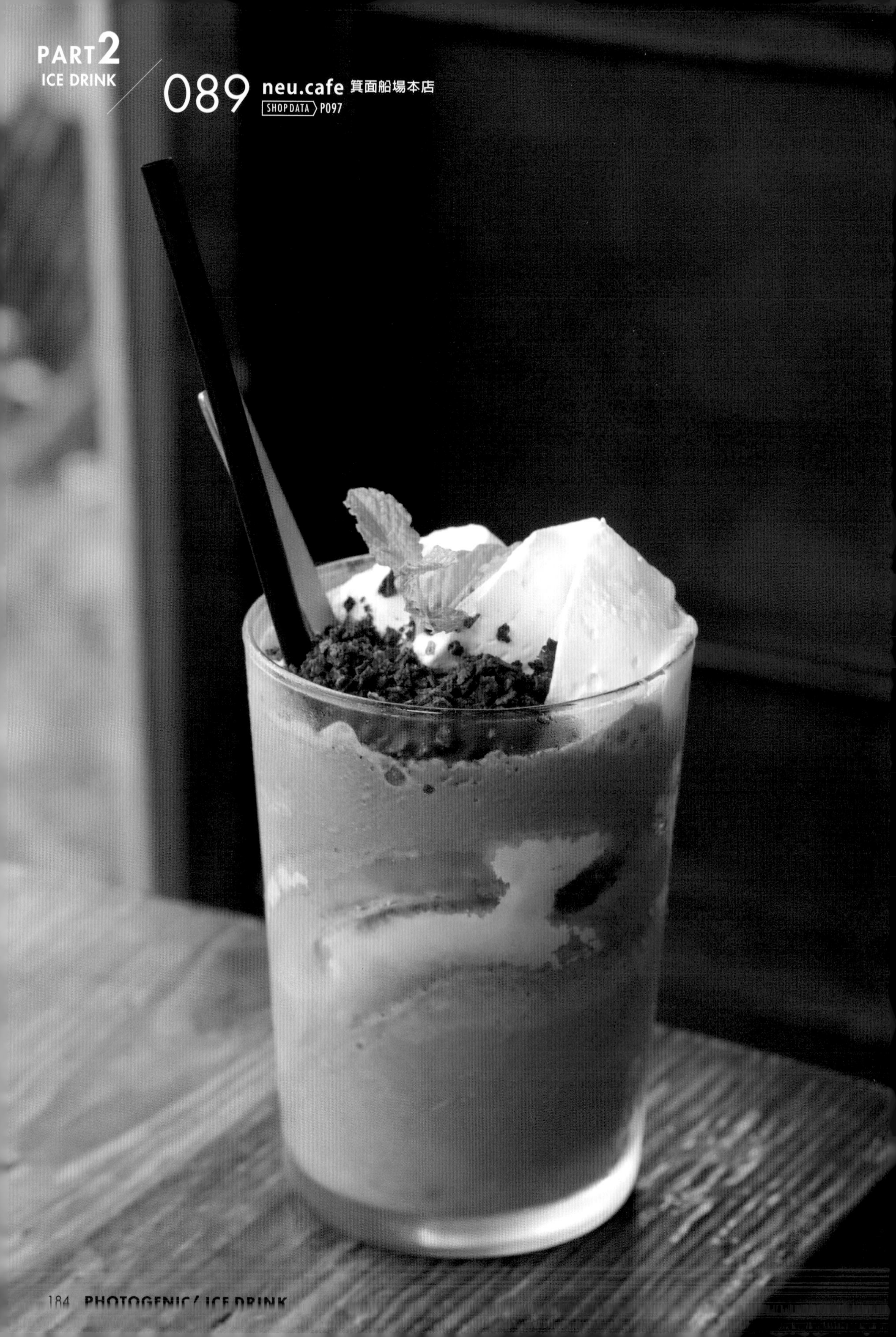

以香蕉和巧克力的黃金組合搭配上濃縮咖啡

黑巧克力 & 鮮香蕉

●材料（1杯份）

香蕉 ·· 1/5根
噴式鮮奶油 ·································· 適量
巧克力碎片（feuillantine）············· 適量
薄荷 ·· 適量

A	香蕉 ·· 1/2根	
	香草冰淇淋 ·································· 2球	
	黑巧克力脆片（※）	
	·· 1大匙	
	蜂蜜 ·· 1大匙	
	濃縮咖啡 ······································ 1份	
	牛奶 ·· 100㎖	
	冰塊 ·· 7塊	

※黑巧克力脆片

B	黑巧克力 ······································ 120g	
	三溫糖 ·· 120g	
	無鹽奶油 ······································ 50g	
	可可粉 ·· 30g	
	水 ··· 80g	

鮮奶油 ·· 80g
香草糖漿 ······································ 少許

①將B放入鍋中，以中火攪拌至溶化。

②加熱至滑順後，倒入鮮奶油煮滾，並繼
　續加熱3分鐘。

③加入香草糖漿。

●作法

1. 將 1/5 根香蕉黏在玻璃杯上，放入冰
   箱冷凍一晚。

2. 將 A 材料以果汁機打碎。

3. 將 2 倒入 1 的杯中，擠上鮮奶油，再
   擺上巧克力碎片和薄荷作裝飾。

把香蕉縱切成1/5厚，黏在杯
壁後，放入冰箱冷凍。凍結
後香蕉就會固定住，倒入冰
沙時也不會脫落。

090 neu.cafe 箕面船場本店

SHOP DATA P097

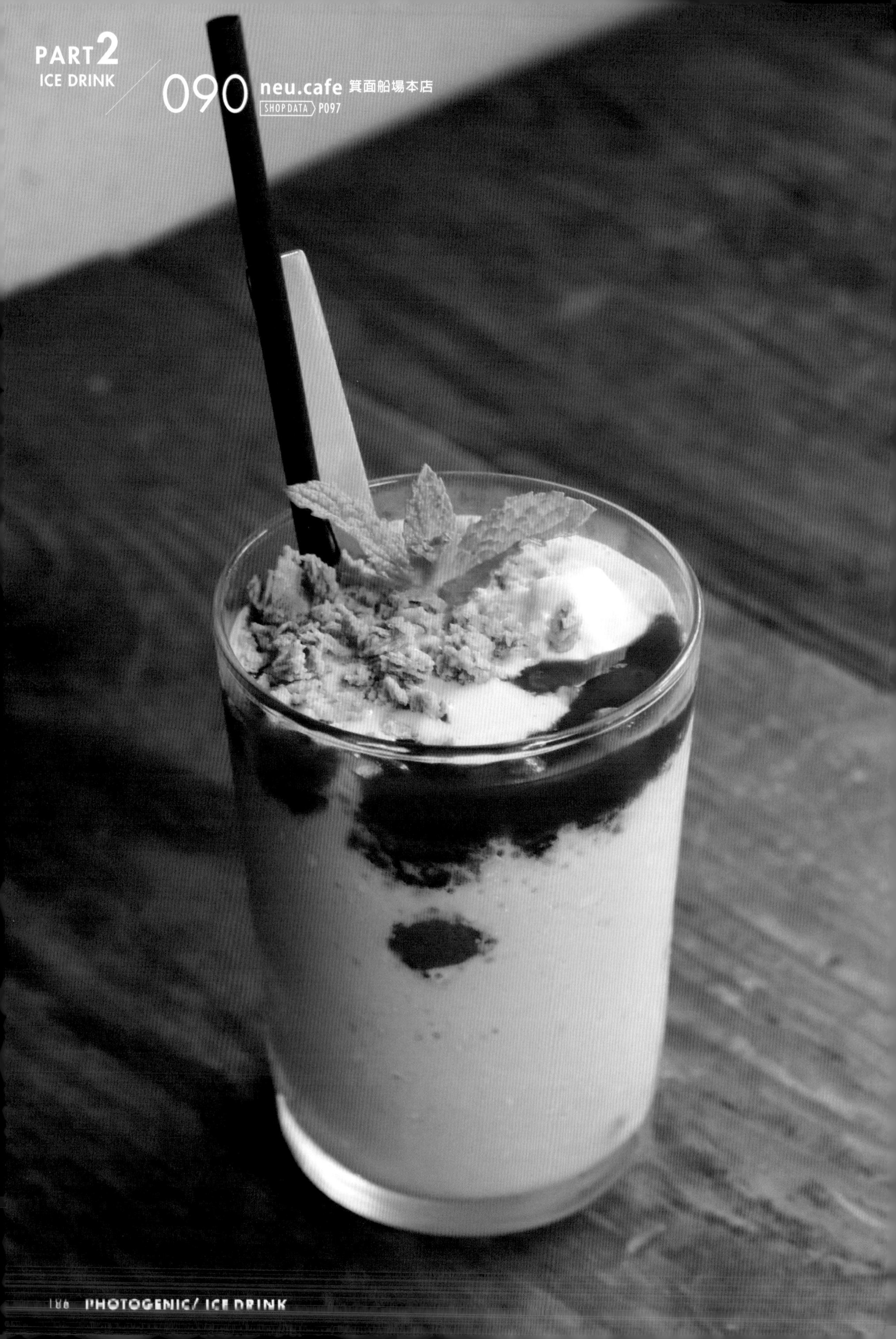

草莓、黑醋栗、覆盆子的爽颯酸甜滋味

雙莓生乳酪

●材料（1杯份）

草莓切片 ·········· 3片
生乳酪醬（※1）·········· 適量
白巧克力脆片 ·········· 適量
薄荷 ·········· 適量

A
草莓冰淇淋 ·········· 2球
蜂蜜 ·········· 1大匙
莓果醬（※2）·········· 1大匙
牛奶 ·········· 150㎖
冰塊 ·········· 7塊

※1 生乳酪醬（備用量）

奶油乳酪 ·········· 2160g
精製白糖 ·········· 480g
優格 ·········· 720g
植物性鮮奶油 ·········· 324g
檸檬汁 ·········· 35㎖

①奶油乳酪微波加熱變軟。
②將奶油乳酪、白糖放入鍋中，加熱拌勻至白糖溶化。
③加入優格、植物性鮮奶油、檸檬汁，繼續拌至滑順狀。

※2 莓果醬（備用量）

孜然（顆粒）·········· 1小匙
熱水 ·········· 150㎖
市售草莓醬 ·········· 3.5kg
黑醋栗果醬 ·········· 3大匙
覆盆子果醬 ·········· 3大匙
白蘭姆酒 ·········· 105㎖

①孜然浸泡熱水數分鐘。
②將①過濾，再連同剩餘材料放入果汁機中打碎。

●作法

1. 將草莓切片黏在玻璃杯上，放入冰箱冷凍一晚。

2. 將A材料以果汁機打碎。

3. 將2倒入1的杯中，接著加入生乳酪醬、白巧克力脆片，放上薄荷。

以草莓、黑醋栗、覆盆子製成的莓果醬和根據生乳酪蛋糕食譜製成的生乳酪醬。

加了黑胡椒的辣味奶茶

覆盆子奶醬 with 皇家奶茶

●材料（1杯份）

皇家奶茶（※）·············· 350㎖

覆盆子奶醬·················· 2大匙

冰塊 ······················· 9塊

※ 皇家奶茶（備用量）

伯爵茶茶葉 ················· 24g

阿薩姆紅茶茶葉 ············· 18g

祁門紅茶茶葉 ··············· 6g

水 ······················· 900㎖

牛奶 ······················ 900㎖

黑胡椒 ····················· 3粒

①水入鍋煮沸。

②關火，放入茶葉悶5分鐘。

③再次開火，加入牛奶和黑胡椒煮沸。

●作法

1. 將所有材料放入玻璃杯拌勻。

將上頁的莓果醬添加煉乳就能製成覆盆子奶醬，非常適合用來增添濃郁甜味及酸甜風味。

092 neu.cafe 箕面船場本店

SHOP DATA P097

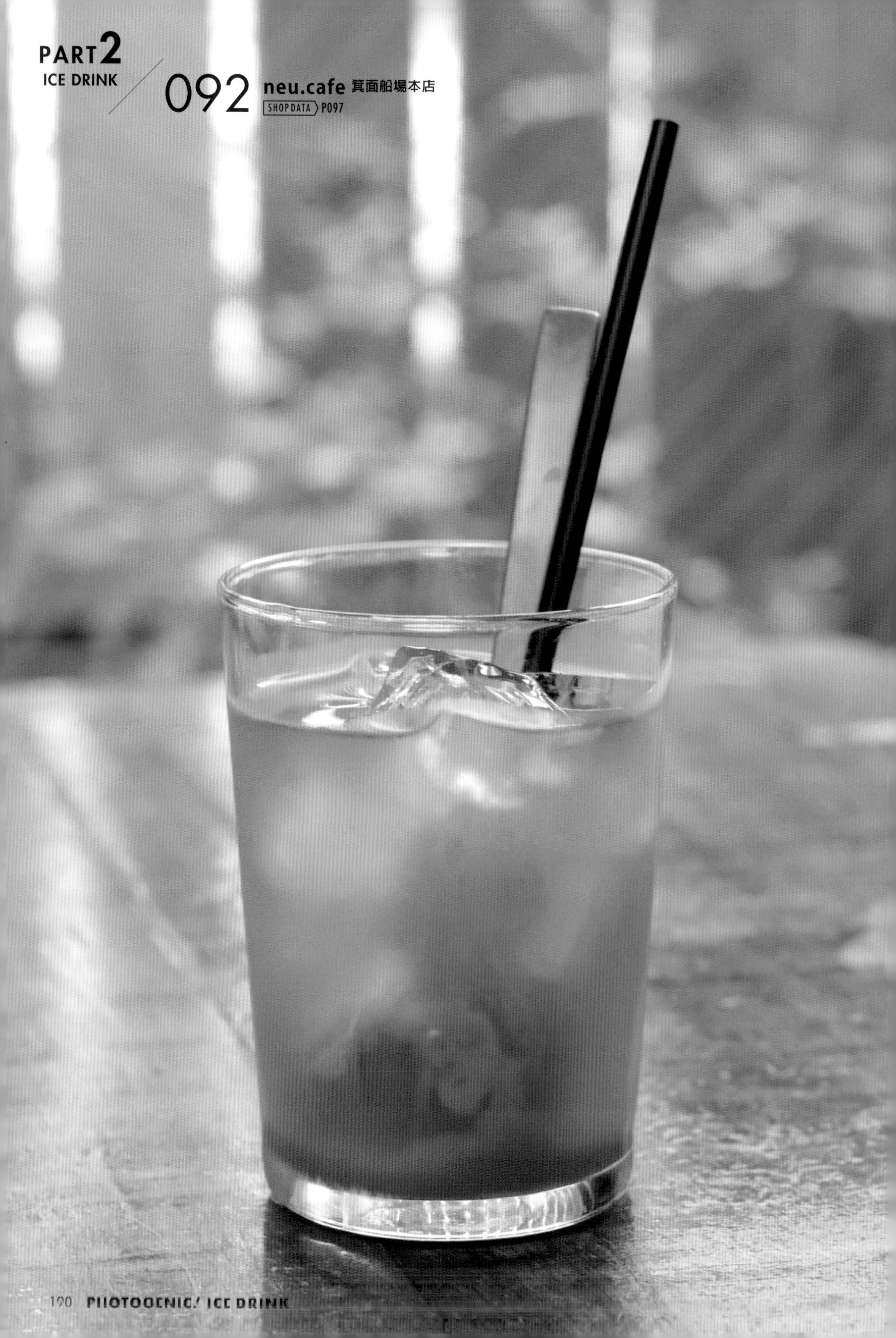

用柑橘和香草改造茉莉花茶

柑橘龍蒿醬 with 茉莉花茶

●材料（1杯份）

冰茉莉花茶（※1）····················· 350㎖
柑橘龍蒿醬（※2）····················· 2大匙
冰塊 ··································· 9塊

※1 冰茉莉花茶（備用量）

茶葉 ································· 23g
水 ································· 1200㎖
冰塊 ································· 300g

①水入鍋煮沸，加入茶葉悶10分鐘。
②放入容器，加冰塊，接著放入冰箱冷藏
　保存。

※2 柑橘龍蒿醬（備用量）

柳橙醬 ······························ 3kg
龍蒿 ······························· 1包

①將柳橙醬與龍蒿葉放入鍋中煮5分鐘稍微
　收掉湯汁。

●作法

1. 將所有材料放入玻璃杯混合均勻。

以柳橙醬和龍蒿製成的果醬。龍蒿（香艾菊）
是香草醋裡常見的菊科植物，風味清爽。

PLUSα SMOOTHIE

本書最後要跟各位分享的，是最近愈來愈受歡迎的奶昔。 以蔬果和乳製品製作的奶昔是非常健康的飲品，甚至能「均衡提供一天所需的維生素及礦物質」。 奶昔原文的 Smoothie 意指「滑順」，所以材料不會使用冰塊，而是以冷凍蔬果為基底製成，才能打造出滑順口感。 奶昔基本上會使用40%的冷凍蔬果，但如果材料包含了霜凍優格（Frozen Yogurt），蔬果用量會調高為50%。 因為如果是以霜凍優格為基底，那麼可能就必須頻繁從冷凍取出，使材料稍微融化變軟。 除了使用冷凍蔬果，也可以添加新鮮蔬果、果汁、牛奶、優格、豆漿、杏仁奶等，依照每種材料的風味與營養價值，挑選要怎麼組合搭配。

食譜製作／根岸 清
IGCC（Italian Geltato&Caffè Consulting）代表。 日本咖啡師協會（JBA）理事、認可委員。 日本精品咖啡協會（SCAJ）咖啡師委員。 亦是日本義式冰淇淋協會（AGG）特級講師，負責進行鑑定指導工作。 著有《GELATO 義式冰淇淋開店指導教本》（瑞昇出版）、《能量凍飲開店指導教本》（瑞昇預計出版）。

添加蔬菜與優格的健康滋味！

ATC奶昔

●材料（300g）

冷凍蘋果塊 ···································· 100g
番茄汁 ···································· 50g
胡蘿蔔汁 ···································· 50g
新鮮香蕉 ···································· 50g
霜凍優格 ···································· 50g

※ 使用含糖量10%的霜凍優格

零脂肪優格 ···································· 900g
精製白糖 ···································· 100g

充分拌勻零脂肪優格和白糖。 放入冷凍存
放，取用製作奶昔所需的份量。

※ 作法說明

將材料放入食物調理機（果汁機）中攪打便可製成奶昔，因此書中僅列出材
料。剛開始請以低速混合材料，接著再以高速攪打。如果直接以高速攪打，
冷凍蔬果等較硬的食材可能會被轉速甩到最上方騰空，以致攪打不均。

新鮮或冷凍酪梨塊皆可

酪梨綜合奶昔

●材料（300g）

冷凍白葡萄（整顆）⋯⋯⋯⋯⋯⋯ 50g

柳橙汁 ⋯⋯⋯⋯⋯⋯⋯⋯⋯⋯⋯⋯ 20g

蘋果汁 ⋯⋯⋯⋯⋯⋯⋯⋯⋯⋯⋯⋯ 40g

新鮮香蕉 ⋯⋯⋯⋯⋯⋯⋯⋯⋯⋯⋯ 60g

新鮮酪梨 ⋯⋯⋯⋯⋯⋯⋯⋯⋯⋯⋯ 20g

嫩葉生菜 ⋯⋯⋯⋯⋯⋯⋯⋯⋯⋯⋯ 10g

霜凍優格 ⋯⋯⋯⋯⋯⋯⋯⋯⋯⋯ 100g

※另一種酪梨綜合奶昔食譜

冷凍酪梨塊 ⋯⋯⋯⋯⋯⋯⋯⋯⋯⋯ 40g

蘋果汁 ⋯⋯⋯⋯⋯⋯⋯⋯⋯⋯⋯⋯ 50g

新鮮香蕉 ⋯⋯⋯⋯⋯⋯⋯⋯⋯⋯⋯ 55g

豆漿 ⋯⋯⋯⋯⋯⋯⋯⋯⋯⋯⋯⋯⋯ 30g

嫩葉生菜 ⋯⋯⋯⋯⋯⋯⋯⋯⋯⋯⋯ 15g

霜凍優格 ⋯⋯⋯⋯⋯⋯⋯⋯⋯⋯ 110g

使用冷凍酪梨塊，並添加豆漿。

草莓和甜椒的「紅」能增進食慾

紅奶昔

●材料（300g）

冷凍草莓粒 ················· 50g

紅甜椒 ····················· 20g

蘋果汁 ····················· 60g

新鮮香蕉 ··················· 60g

胡桃 ······················· 10g

霜凍優格 ·················· 100g

香蕉鳳梨是絕配

奇異蕉鳳奶昔

●材料（300g）

冷凍奇異果塊 ·· 50g

冷凍鳳梨塊 ·· 70g

新鮮香蕉 ·· 70g

豆漿 ·· 110g

「森林之莓」的命名讓人雀躍

森林之莓奶昔

●材料（300g）

冷凍草莓粒 ······························· 40g

冷凍覆盆子 ······························· 40g

冷凍藍莓粒 ······························· 40g

新鮮香蕉 ································· 50g

牛奶 ··································· 120g

糖漿 ··································· 10g

堅果那讓人上癮的口感成了最佳亮點

果物堅果奶昔

●材料（300g）

冷凍香蕉切片 ……………………………… 60g

冷凍鳳梨塊 ……………………………… 30g

柳橙汁 ……………………………… 60g

豆漿 ……………………………… 60g

杏仁果糖 ……………………………… 10g

胡桃 ……………………………… 10g

腰果 ……………………………… 10g

霜凍優格 ……………………………… 60g

裝在碗裡就成了很棒的早餐！

草莓綜合奶昔

●材料（300g）

冷凍草莓粒 ································· 70g

冷凍鳳梨塊 ································· 30g

新鮮香蕉 ··································· 40g

柳橙汁 ····································· 40g

豆漿 ······································· 70g

霜凍優格 ··································· 50g

※裝飾食材

果物麥片／草莓／香蕉／椰絲

豐盛配料大滿足

藍莓綜合奶昔

●材料（300g）

冷凍藍莓粒 ·· 70g

冷凍鳳梨塊 ·· 30g

新鮮香蕉 ·· 40g

柳橙汁 ··· 40g

豆漿 ··· 70g

霜凍優格 ·· 50g

※裝飾食材

果物麥片／藍莓／香蕉／椰絲

TITLE

超上鏡！繽紛炫彩涼夏凍飲

STAFF	ORIGINAL JAPANESE EDITION STAFF

出版	瑞昇文化事業股份有限公司
編著	旭屋出版編輯部
譯者	蔡婷朱

編集	前田和彥（旭屋出版）　西 倫世
カメラ	後藤弘行　曽我浩一郎（旭屋出版）
デザイン	野村義彥（LILAC）

總編輯	郭湘齡
責任編輯	張聿雯
美術編輯	許菩真
排版	曾兆珩
製版	印研科技有限公司
印刷	龍岡數位文化股份有限公司

法律顧問	立勤國際法律事務所　黃沛聲律師
戶名	瑞昇文化事業股份有限公司
劃撥帳號	19598343
地址	新北市中和區景平路464巷2弄1-4號
電話	(02)2945-3191
傳真	(02)2945-3190
網址	www.rising-books.com.tw
Mail	deepblue@rising-books.com.tw

| 初版日期 | 2022年6月 |
| 定價 | 550元 |

國家圖書館出版品預行編目資料

超上鏡!繽紛炫彩涼夏凍飲/旭屋出版編
輯部編著；蔡婷朱譯. -- 初版. -- 新北市
：瑞昇文化事業股份有限公司, 2022.06
208面；18.2x25.7公分
譯自：フォトジェニック!アイスドリン
ク
ISBN 978-986-401-567-2(平裝)

1.CST: 飲料

427.4　　　　　　　　111007028